U0362895

周滨 / 著

美食的真相

茶道之谜

华中科技大学出版社
http://press.hust.edu.cn
中国·武汉

图书在版编目 CIP 数据

茶道之谜：美食的真相/周滨著 . -- 武汉：华中科技大学出版社，
2024. 9. -- ISBN 978-7-5772-0361-4

Ⅰ. TS971.21

中国国家版本馆 CIP 数据核字第 2024CE9271 号

茶道之谜：美食的真相　　　　　　　　　　　　　　　　周滨　著
Chadao Zhi Mi：Meishi de Zhenxiang

策划编辑：陈心玉
责任编辑：李　祎
封面设计：Pallaksch
责任校对：刘　竣
责任监印：朱　玢
出版发行：华中科技大学出版社（中国·武汉）　电话：（027）81321913
　　　　　武汉市东湖新技术开发区华工科技园　邮编：430223
录　　排：赵慧萍
印　　刷：湖北新华印务有限公司
开　　本：787mm×1092mm　1/32
印　　张：7
字　　数：108 千字
版　　次：2024 年 9 月第 1 版第 1 次印刷
定　　价：59.00 元

我看东方美学中的"侘"与"寂"

在写下这个标题以前，我有两年多的时间，执着于对生活的重新审视。

大家都知道，在中国文化的概念里，美，通常指向一种豪迈且磅礴的力量，它有可能是想象力的爆发，也有可能是创造力的穷极，再或者，是一种生活方式或行为上不管不顾的态度。所以李白会说"天生我材必有用，千金散尽还复来"，王维说"新丰美酒斗十千，咸阳游侠多少年"，苏轼也说"老夫聊发少年狂，左牵黄，右擎苍，锦帽貂裘，千骑卷平冈"，辛弃疾则更是直白表示"了却君王天下事，赢得生前身后名"……总之，在中国人普遍意识中建立起来的，是一种追求完美、永恒、人生恣意风流的浪漫精彩的价值观。

这十几年来，我一直潜心于对中国茶和茶道的研究，发现了一个有意思的现象：人们把喝茶或者参加、举办各种类型的茶会、茶事活动，当作传统世俗交际的一种延伸，所以茶要喝最贵的、茶具要用最精美的，连参加茶会穿的服装、盘的手串也要高档的。在这样的场合中，我喝茶的兴趣通常寥寥，因为人们很快就会把话题转到与茶不相干的方面，直至曲终人散。在这样的情景氛围下，很难感受到茶的本味，更无法体会各家茶室中高挂的"茶禅一味"四个字，因为它出离了茶趣，更与禅的精神相悖。而"茶道"这个词，最初正是与禅宗的兴起和传播相关联的。它从茶的故乡——中国出发，一路漂洋过海去到东亚的另一个国家——日本，并在那里生发出一个令人深省的美学流派——侘寂，进而使来自东方的这片树叶，在全世界范围内散发出迷蒙之美。

　　为什么这么说？

　　"侘寂"二字近些年才在中国流行起来，但它本身的来源禅宗，却是在中国文化环境下成长起来的佛教宗派。其主张通过坐禅来体悟释迦牟尼的佛法，以"不立文字，以心传心，直指人心，明心见性，见性成佛"为宗旨，这对生活在自然条件并不优越的岛国日本的人们而言，具有直达心灵深处的契合度。所以南宋年间，当日本荣西禅师从中国留学归来，将禅宗的临济宗一派传到日本后，它很快就在关东（日本的东部地区）兴起。这之后，荣西辗转在日本文化的中心京都，创建了建仁寺。

建仁是当时日本的年号，寺院的土地则是由实际统治者——镰仓幕府的第二代将军源赖家直接赐予的，荣西成为开山祖师。他仿照中国百丈禅寺（地处今江西百丈山，建于唐朝大历年间，因其影响深远的"百丈清规"而被誉称为"禅宗祖庭"）的样子在京都建起了庙宇，从此开始了禅宗在日本的传播之路。

说起来，禅宗在日本得到扶持，与当时的政治背景分不开——公元十二世纪的末期，皇族的权力旁落，新兴的武士阶层掌控了国家。作为新统治者，为了争取各方政治势力和民众的支持，他们需要有一种契合自身气质的宗教来作为扩大影响力的工具。最终，他们选择了以静坐参禅或是从日常生活的体会中来追求"顿悟"的禅宗成为自己的御用宗教。因为禅宗的教义与武家思想中的朴素、专注、坚韧与公平具有高契合度，可以让天下的贵族与武将都臣服于幕府的领导。这样一来，本是舶来品的禅宗思想，就在日本的上层社会和传统文化中，刻下了深深烙印。

中国人更清楚的，则是荣西禅师带回日本的另一样东西——中国的茶籽。他曾两次来到中国，在浙江的天台山和天童寺等地学习，前后历经好几年的时间，在禅寺中他耳濡目染了中国的茶风并为之陶醉。根据日本佛教史书《元亨释书》等文献的记载，荣西是在公元1191年（南宋光宗绍熙二年）乘坐一位中国商人的商船回国的。他回日本后的第一站是肥前（日本九州西北部旧国名，今佐贺、长崎县的大部分地区）平户岛的苇浦，相传他在这里的背振山南麓撒下了一把茶籽，在肥前国灵仙寺的四面山谷和石上坊，也播了茶籽。后来，此处就有了漫山遍野的茶树，被称为"石上茶"。

公元1211年，已经是荣西回到日本的二十年后，他71岁，用汉字写成了日本历史上的第一部茶书《吃茶养生记》。在那个人均年龄难以超过50岁的年代里，他已至暮年，但还在为禅宗和茶风的传播不懈努力，因为在他看来，这两者是分不开的。在《吃茶养生记》里，他不但详细介绍了茶树的种植方法、茶叶种类和形状、制茶的方法以及茶的功效等，而且采用佛教的宇宙观，介绍五味（指酸、苦、甘、辛、咸五种味道，为中医五行学说的组成部分，本出自《黄帝内经》）的实际应用，并在中医五行说的基础上发展其饮食学理论。书的开篇引用佛教经典《尊胜陀罗尼破地狱法秘钞》中的一段："肝脏好酸味、肺脏好辛味、心脏好苦味、脾脏好甘味、肾脏好咸味。……此五脏受味不同，好味多入，则其脏强，克旁脏，互生病。其辛酸甘咸之四味恒有而食之，苦味恒无，故不食之。是故四脏恒强，心脏恒弱，故生病。……日本国不食苦味乎，但大国独吃茶，故心脏无病，亦长命也。我国多有病瘦人，是不吃茶之所致也。……心脏是五脏之君子也，茶是苦味之上首也，苦味是诸味之上味也，因兹心脏爱此味。心脏兴，则安诸脏也。"

荣西用中国的五行思想为论述基础，用出自密宗文本的配属关系论述茶的效用，奠定了日本茶道文化发展的基础。当然，茶的种植也很重要，当年遣唐使带回来的中国茶之所以渐渐销声匿迹，就是因为茶叶虽然传入了日本（据《日吉神道密记》记载，公元805年，是日本佛教天台宗创始人最澄从中国带回茶籽，种植于近江国（今日本滋贺县）的日吉神社，称日吉茶园，这是日本史料记载的最早的茶园），但未得到大力发展。在他的努力之下，日本从佛教势力集中的京都开始，有了大片茶园的身影。到今天，日本京都的宇治市，已成为日本最高级茶叶的代名词。这里出产的茶被称为"本茶"，以区别于其他地区产的"非茶"，是名副其实的"日本第一名茶产地"。

在有了茶，也有了喝茶的意识后，日本终于渐渐发展出"茶道"一词，并在几百年后的江户时代成熟定型。在历经村田珠光、武野绍鸥、千利休等知名茶人的阐释、著述和带动后，日本在日常生活的基础上，发展出独辟蹊径的"侘寂"美学，而它几乎与所有的艺术门类相关联，包括饮食、茶道、花道、书画、戏剧、服装、建筑等。在看待物质和客观世界的角度上，"侘寂"是个特别值得玩味的词语，因为它是日本独有的概念。

"侘"和"寂"本身是两个词，都出自东方思想。在古代汉语中，"侘"含有"失意的样子"的意思，在日文中，它有三种不同的意思：一为"烦恼、沮丧"；二是"闲居的乐趣"；第三种就是它在日本茶道中的含义，是由千利休最终确定的，意思是"闲寂的风趣"。这是一种认为世间万物包括人自己都是不完美、不完整的存在的审美态度，它与禅宗的"枯淡空灵，以心传心，明心见性"的主张系出同源，或者可以说，这种由饮茶所衍生出来的美学的核心基础，就是"禅"。

　　所以，它一定是一种朴素的、清冷的、不加矫饰的、反物质主义的生活，在我们当今所处的这个瞬息万变甚至是信息过载的时代，强调"侘寂"就是在寻求一份灵魂深处的寄托。它是茶道中最深刻美丽的谜题，潜伏在生活的方方面面。笔者在这里，正是要从解开茶道之谜的角度，用生活化的镜头，为读者一一展示"侘寂"美学背后的食色清香。

周　滨

2024 年 3 月 30 日于北京

目录

03 第三章
盛世的茶道

那么在这样的喧嚣里，在热闹的市井中，本是茶道最中心的物质——茶，它又有什么样的故事和经历呢？

第一章

侘寂的茶味

01

从繁华的临安到幽深的禅寺，荣西好像走过了两个人间……

🏆 侘寂的初味

还是要回到公元1187年的春天。

时年47岁的日本僧人荣西，于四月动身，在经历了长达二十五天的船旅颠簸后，到达南宋的都城临安。这不是他第一次来到中国，所以对这片土地上发生的一切，他有一种久违的熟悉。

这是一个比他的故国要富裕得多的国家。荣西所见到的临安百姓大多衣着精致、吃喝讲究，街上到处都是饮食店和商店，到处都是游山玩水的人，街上夜市几乎通宵达旦。而当时的日本正处于从平安时代向镰仓幕府转变的时期，刚刚经历了史称"治承·寿永之乱"的源平合战（从公元1180年至1185年的6年间，源氏和平氏两大武士家族间一系列争夺权力的战争的总称），国力衰弱，农业技术也很不发达，普通百姓很难过上丰衣足食的生活。荣西深感民生的痛苦与人世的无常，所以在人到中年以后，还坚持入宋求学。而这一年，是南宋孝宗淳熙十四年，由于繁荣的城市商业和海上贸易，朝廷积累起了巨大的财富。对于荣西心心念念的佛教而言，这也是发展的黄金时期。

其实自唐末五代以来，中国的东南地区就迎来了佛教的大发展。像临安这座城市，过去是吴越国的都城，历代君王都笃信佛教、兴修佛塔，使得这里处处是香火、遍地是寺院，打下了良好且深厚的佛教基础。到南宋绍兴八年（公元1138），宋高宗正式定都临安后，全国的政治、经济、文化（包括佛教文化）中心都随之转移到了杭州。

宋高宗本人对佛教既不贬抑，也不大力提倡，只是采取了顺其自然的态度。而作为高宗养子的宋孝宗则不然，为了消除高宗的顾虑和猜忌，同时向大众彰显自己的仁心厚意，他把"以佛修心，以道养生，以儒治世"的倡议摆到了桌面上，并认为佛门五戒（即不杀生、不

《清明上河图》中宋代商业街的繁华，

是同时期的古代日本无法企及的

偷盗、不邪淫、不妄语和不饮酒）和儒家的仁义礼智信本质相通，都是让社会稳定发展的力量。

在这种政治倾向之下，偏安中国东南的南宋王朝，在佛教发展上成绩斐然——仅临安一地，据宋度宗时期的地方志《咸淳临安志》记载，其城内外寺院就有494所之多，因此成为"江南佛都"。成书于南宋末年的《梦粱录》里，临安本地人吴自牧有更具体的观察："城内寺院，如自七宝山开宝仁山寺以下，大小寺院五十有七。倚郭（即城外）尼寺，自妙净、福全、慈光、地藏寺以下，三十有一。又两赤县（即钱塘、仁和两县）大小梵宫，自景德灵隐禅寺、三天竺、演福、上下圆觉、净慈、光孝、报恩禅寺以下，寺院凡三百八十有五。更七县寺院，自余杭径山能仁禅寺以下，一百八十有五。……都城内外庵舍，自保宁庵之次，共一十有三。诸录官下僧庵，及白衣社会道场奉佛，不可胜纪。"

荣西一度想重走玄奘西去取经的道路，前往印度参拜牟尼八塔，但这个想法因南宋特殊的政治和地理背景而不得不放弃，他只好再次去了天台山。可喜的是，他在这里找到了一生的学习方向——在万年禅寺，荣西投身于临济宗虚庵怀敞禅师的门下，学习禅理。后来，虚庵禅师迁往明州（今宁波）天童寺任住持，荣西始终侍奉其左右，最终得到了师父的认可。

从繁华的临安到幽深的禅寺，荣西好像走过了两个人间，其实他在日本的佛学界已经有了声名，为什么还要再次千里迢迢来到中国？他想悟到什么？这是他常常问自己的问题。在日复一日的静坐参禅和法事活动中，荣西偶有困倦，但只要一喝到寺中僧人自己种的茶，他就倦意全消，且在凝神静坐中，又多了几分对佛理的参悟。

这可真是与清寂悠远最相合的食物啊！荣西心想。他又想到自己在明州时的一段经历。荣西在万年禅寺求法期间，某日因事前去明州。时值六月的盛夏，烈日炎炎，荣西下山不久后，就在途中中暑，几乎快要"气绝"。绝望中，幸好附近有家茶店，好心的店主见到僧人中暑，马上煎了碗茶饮，令其服下。这碗茶徐徐下肚后，荣西居然感到"身凉清洁，心地弥快"。于是他从此深信：茶，可以治病养生。

中国南方的春日茶园

到南宋时，中国人喝茶的风气已经更为普遍了。对僧人而言，他们的日常生活节奏就是："晨朝起来，洗手面盥漱了，吃茶，吃茶了，佛前礼拜……起来洗手面盥漱了，吃茶，吃茶了，东事西事……上堂吃饭了，盥漱，盥漱了，吃茶，吃茶了，东事西事……"（北宋僧人释道原《景德传灯录》记载）可以看出，茶在僧侣生活中出现的频率很高，和僧人生活联系非常紧密。

　　这当然跟茶在寺院的广泛种植有关系。从唐代开始，浙东天台山地区已经成为著名的茶叶产地。身为日本天台宗第五代座主的僧人圆珍（公元814—891），是著名的弘法大师空海（日本佛教真言宗创始人）的外甥，他入唐时曾两上天台山国清寺研习佛经，在其所著的《行历抄》中记载天台山"云雾茶园，遍山皆有"。原来自唐宋以来，修持于天台山诸寺庙的僧人们，遵循智者大师（我国南朝的陈、隋之际的著名佛教领袖和佛学思想家，被天台宗人尊为四祖，实际上是中国佛教天台宗的真正创始人）"以茶参禅""以茶供佛"的法海，在各寺庙周边广植茶树、开辟茶园，并设"茶头"专管茶事，设"茶堂"招待来寺的客人喝茶。另外佛教中有亲自耕作的农禅思想，有"一日不作，一日不食"的训条（出自唐代名僧百丈怀海创立的《百丈清规》），因此许多条件允许的寺院都有自己的茶园，对栽培、焙制茶叶的技术也有自己的心得。

所以，种茶、制茶、饮茶、以茶待客是当时天台山诸寺僧人的日常生活，"以茶供佛"则是寺僧们每日必做的功课。根据北宋时期入宋的日本僧人成寻的记录，寺院"以茶供佛"是有一整套流程的——"先入敕罗汉院，十六罗汉等身木像、五百罗汉三尺像，每前有茶器，以寺主为引导人，一一烧香礼拜，感泪无极。"（成寻《参天台山五台山记》）荣西在天台山期间，曾循着成寻当年所走的路，向罗汉献茶。他在《吃茶养生记》中记载了这一幕："登天台山，见青龙于石桥，拜罗汉于讲峰，供茶汤现奇，感异花于盏中。"显然，这与其说是荣西在献茶，倒不如说是他经历了一场对心灵的洗礼。

在明州的天童寺里，荣西继续修习，尽管僧人的生活枯燥，他心中却渐渐明亮。在异国，每当他想起故乡的明月和山寺，就会握紧自己手中那杯茶。佛教的坐禅修行就是要静坐息心，无思无虑。极致情况下，僧人坐

天台山国清寺

禅会达到什么程度？"学禅务于不寐，又不夕食"，一日
两餐，晚上不吃饭，人容易进入昏昏欲睡的状态。但
是，你不能真正睡着，不论什么时候，都必须头正背
直，做到"不动不摇、不委不倚"，以求专心致志。

所以茶圣陆羽早就说过："茶之为用，味至寒，最宜精行修德之人。"对于久坐的僧人来说，喝茶时，茶叶中的咖啡因能够刺激人的中枢神经使之兴奋，保持头脑清醒，又能生津止渴，是最好的身心伴侣。为了回国后能倡导自己在中国感受到的有益的生活方式，荣西在学习佛经之余，用了大量的时间向其他僧众学习中国的种茶、制茶技术和饮茶礼仪，他要把一切都带回去，因为彼时尚处困顿之中的日本国人，既需要身体的健康，又需要心灵的滋养。

公元1191年，荣西学成回国。离寺前，师父虚庵禅师授予荣西菩萨戒及法衣、印书、钵、坐具、宝瓶、手杖、白拂等法物，还有释迦牟尼佛以下二十八祖图，并告诫他归国后要积极弘布禅法："予今以付汝，汝当护持，配此祖印，归国布化，开示众生，续正法命。"荣西小心翼翼地包好要带回国的经书和茶树种子，向师父深深地行礼。他们彼此都明白，二人年纪都已经不小，这一生是难以再相见了。但是只要在另一片土地播下希望的种子，那么因禅思而联结的心灵与思想，就会永远相印，不生不灭。这，就是东方的文明。

这一年的七月，荣西从明州起航，扬帆归日，安抵平户岛苇浦。这之后，他为了禅宗临济宗的发展，著书立说，开山建庙，在日本全力奔走。从镰仓到京都，他想尽一切办法"曲线兴禅"。他不会知道在三十多年后，中国还会迎来另一位日本禅宗大师——道元的到来，也难以知晓两国文化会在禅宗潜移默化的影响下，形成独特的佗寂美学。

那么，道元要带来什么呢？

🍷 去来永平寺,禅入粥饭间

公元1199年，日本第一个武家政权——镰仓幕府的创立者源赖朝暴毙，幕府便由他的长子源赖家继承。但是篡权的暗潮已经涌动起来，时任初代京都守护、同时身为源赖朝岳父的北条时政，用了三年时间在朝中清除异己。他和自己的女儿、同时也是源赖家生母的北条政子联手，在公元1203年废黜了源赖家，同时拥立源赖家之弟、政子的另一个儿子源实朝为新一任将军。源赖家后来在流放地被暗杀，而源实朝只有12岁，这样北条时政就牢牢把控了幕府，自称"执权"，成为实际意义上的掌权人。而"执权"一职最终成为北条氏家族的世袭职位，直到镰仓幕府灭亡。

乱世不定，天下难安。在城头变幻大王旗的莫测中，本已边缘化的皇族后裔，命运也如同飘萍。公元1213年，一个13岁的男孩迈入京都比睿山的寺门，在那里出家了（比睿山别称天台山，自传法大师最澄由唐朝回国后，就一直是日本天台宗山门派的总本山）。他出身名门，俗姓源，号希玄，是日本村上天皇第九代后裔，内大臣久我通亲之子，母亲也是摄政藤原氏之女。可是他三岁丧父，八岁又失去了母亲，在内讧不断的时代中，身无所依的飘零与磨难，使这个早慧的男孩深感人世无常，便决意寻找一个不灭的世界。他，就是道元。

从比睿山的山顶往远处眺望，就能看到风景秀美的琵琶湖（日本第一大淡水湖，邻近京都、奈良、大阪和名古屋）和京都的城池。道元在这里一望就是一年，他听闻京都建仁寺的大名，早就想拜谒荣西禅师。

公元1214年，14岁的道元与73岁的荣西在建仁寺相遇。老禅师感到自己的生命即将消逝，但他还是徐徐教诲，在少年道元的心中，播下了禅宗的种子。正是因为这场相见，道元决定改信禅宗，入建仁寺山门，最后师从荣西的弟子明全受教。

多年后，道元登上前往中国的航船。在海风的吹拂下，在异国的人声中，他想起母亲临终时的追问，也是自己对人生的困惑："人们为什么要互相残杀，承受各种痛苦，又无法摆脱死亡的痛苦？我希望你能找到一种方法，解脱所有的痛苦。妈妈永远等着这一天。"

　　怎能忘怀一个美好生命的瞬间凋零？可是更要去追寻用信仰令这无常之生超脱苦海的方法。唯有禅法。青年道元握紧了他的经书。跟着明全，他在中国游历拜谒了明州的天童寺、阿育王寺，以及临安近郊的径山寺等著名寺院。可是他又遭受了一次打击——是师父又如兄长般的明全法师，在公元1225年（南宋理宗宝庆元年）猝然病倒，逝于天童寺。道元，他又是孑然一身了。

　　这时候的南宋王朝，皇权其实掌握在宰相史弥远的手里。因为宋理宗赵昀本不是皇子，而是赵氏皇家的一个亲戚（赵匡胤之子赵德昭的九世孙），是史弥远为了彻底把控朝政，才废了宋宁宗立的太子赵竑，而把他推到了台前。依史弥远的奏请，宋宁宗还确立了江南禅院的等级，正式设置了禅院"五山十刹"。

　　所谓"五山"，是指禅院五大名山，即今天杭州的径山寺、灵隐寺、净慈寺，以及宁波的天童寺和阿育王寺；"十刹"即禅院十大名寺，包括今天的杭州中天竺法净禅寺、湖州道场山护圣万寿禅寺、南京灵谷寺、南京大报恩寺、宁波雪窦寺、温州江心寺、福州雪峰寺、金华义乌双林寺、苏州虎丘云岩寺和台州天台国清寺。中国佛教的这一套体系，后来也深深影响了日本佛教。日本佛教从宋元之交开始，就效仿中国设立自己的五山十刹，包括禅寺的建筑样式、禅门的生活方式，都是仿照宋朝的风格。

正是因为这样的社会背景，道元在居留中国期间，发现许多名僧为了扩建寺院、提升等级而一心结交权贵，他非常不解。直到最后，他在天童山师从如净禅师（中国佛教曹洞宗第十三代祖），学习了曹洞宗禅法，才感到身心释然。因为如净禅师留下了"参禅者身心脱落也。不用烧香、礼拜、念佛、修忏、看经。只管打坐而已"的法海，并叮嘱"身心脱落者坐禅也。只管打坐时，离五欲（色、声、香、味、触）、除五盖也"的教海。这也就是说，不管天下发生了什么，参禅者的内心都要安然处之，还要摒弃各种杂念，不问过去与将来，只管守住当下，这才是"禅"的精神。

这也正是后来在日本"不立文字、以心传心"的"默照禅"的出处。"默照禅"就是以打坐为主的修习方式，"默"指沉默专心坐禅；"照"是以智慧观照原本清净的灵知心性。这样的参禅方法对普通人而言门槛不高，因此终得以发扬光大。

道元回国后，历尽辛苦波折，最后在波多野义重的帮助下，于公元1244年（日本的宽元二年），在越前国（今福井县）的吉田郡开创了永平寺，后成为日本曹洞宗的大本山（佛教语，对各宗派传法的中心寺院之称）。

这是一座完全按照宋代明州禅寺格局建造的寺院，其中轴线上天王殿、佛殿、法堂的布置，与道元受教的天童寺几乎完全相同，故又有"小天童"之名。当然，这些不是最重要的，重要的是道元即使在人生陷入低谷、深受排挤与猜忌的时候，也依旧保持淡泊，坚决不攀附权贵，而认为修禅者应在僻静山林之处一心坐禅。

这时候的镰仓幕府，掌权者已经是北条时赖（在日本宽元四年即公元1246年，因兄长北条经时的禅让而掌权）。他年纪轻轻（上位时年仅19岁）但心机深厚，在宝治元年（公元1247年）发起了宝治合战，杀了幕府重臣三浦泰村全族，彻底确立了北条氏一族的独裁地位。但他又是个虔诚的佛教徒，专程在当年的七月拜请道元到镰仓，自执弟子之礼，且亲受菩萨戒。然而道元在面对身居高位、手握生杀大权的北条时赖时，没有一丝客气："恶有恶报，善有善报，死期一到，无论你是有高官厚禄还是有万贯家财，都救不了你。死亡，你只能够独自面对！万般带不去，唯有业随身，万般皆如是。"

对北条时赖赏赐的领地，道元坚决不受，而且在发现自己的首座（禅堂中位居上座的僧人，日常工作是代住持统领全寺僧众）偷偷接受了赏赐文书后，就将其驱逐出门，并把他常坐的禅榻也捣毁了。对那些要用真金白银才能换来的土地文书，道元毫不留恋，几下就把它们撕毁了。

这样的作风，正是道元心目中的禅风。清净的生活与无尽的苦修，在禅宗的世界里，筑起了永平寺的根基。

一直到今天，永平寺还是日本的僧侣修行最严格的寺庙，也是僧人最多的寺庙，常年会有两百多名僧侣在这里修行。这里的修行僧被称为"云水"，意指云游的僧人四处参学、居无定所，如同行云流水。作为日本曹洞宗的第一道场，在每年2月中旬过后，就会有来自全国各地的年轻"云水"集聚于此。他们来修行也需要提前预约，在收到永平寺批准的可以上山的通知以及确定的日期后，方可前往。

　　因为是在一年中最冷的日子上山，所以仅仅入山门这一关，就是一项挑战：年轻的外来僧侣衣衫单薄，在寒风中肃立近一个小时后，才可以敲击寺院的木板。然后又过了十分钟，寺中的客行（前辈修行僧）才会出现，他以连续问询的方式，对这些"云水"进行入寺考核（类似于面试），直到在种种诘问之下，这些年轻人都表现得不退缩、不动摇，才被允许脱下草鞋进寺院。即使这样，也还是不够，还要经过7到10天的实习考察期，这些年轻僧侣才被正式接纳成为永平寺的一员。

　　什么是严格的禅宗生活？永平寺的一天，从普通人的半夜就开始了（寺院的铃声在春秋两季是凌晨4点响起，夏季是3点半，冬季则是4点半），铃响后要马上起床、集体洗漱，然后开始一天当中的第一次坐禅（晓天坐禅）。坐禅时眼睛不能闭上，直到50分钟后进入早课时间（主要是诵经，用时为1到2小时）。在"云水"们做完这一切时，天才亮了起来。这时候，才可以在木鱼被敲响后去用早餐。

用完早餐，又到了集体作务（劳动）时间。僧人们换上"作务"衣（方便劳动的短衣长裤），手持抹布，弓背半趴在地上打扫走廊和各个殿堂。另外，还要养护修整寺中的庭院。因为永平寺很大，寺院占地面积达33万平方米，这样的劳动量又是全年无歇，所以当永平寺的僧人，实在不轻松。

到了夜间，永平寺里还有一次坐禅，时间是在晚斋结束后。"夜坐"的节奏和早上有些不一样：僧人们先坐禅50分钟，再走10分钟，然后继续坐禅50分钟。当这一切都结束以后，已经是晚上9点，寺院的开枕铃响，僧人们这才可以休息了。而睡觉的地方非常窄，只够把两条被子竖着对贴在一起。人钻进去后，就不能乱动了，要保持一个姿势渐渐入睡，等待下一天的修行。

什么是严格的禅宗饮食？以永平寺为例，它的早斋被称作"小食"，内容通常是一碗粥、一碟萝卜干和一些芝麻盐；午斋称作"中食"，内容是一菜一汤；晚斋则叫"药石"，包括两菜一汤。这些素斋的定量不大，油水也几乎没有，对一个需要劳动和学习一整天的人来说，属实清淡了些。但是道元禅师说过，吃饭也是一种修行，所以要求每一个人吃饭时都思考这些食物的来之

糙米粥、萝卜干、梅干和芝麻盐是永平寺早斋的四大金刚
（图为糙米）

不易，同时反思自己每天的德行究竟配不配得上这样吃一顿饭。这种反思，就是禅宗所说的"感恩之心"。

永平寺还很重视用餐的规矩。其中餐具的使用就有很多种规定，比如筷子的拿法、用法，擦碗布的叠法等，而且早、中、晚三餐的规定都不同。吃饭时，不可发声讲话，碗筷不能碰出声音，口中一次不能放太多食物，吃的速度过快或过慢都不行。如果年轻的"云水"记不住这些规矩，就会被前辈僧人斥责，这顿饭就没法再吃了。

永平寺的伙食由大库院（厨房）操持。典座是大库院的负责人，一般由德高望重的僧人担任，但他依然会兢兢业业、日复一日地工作，和年轻的"云水"一起洗菜、切菜、做菜。修行的路没有终止，要用尽全力去做菜。

每天的凌晨3点，大库院的僧人要先将事先煮好的芝麻花一小时研磨碾碎（据说研磨的手法是自古传承下来的，至今七百多年），然后炒盐，之后将两者混合，做到口感柔润、爽滑。还有雷打不动的萝卜干，要把它们切得很薄，避免僧人吃饭时嚼出声响。在每年的12

月，永平寺要用掉约12000根的大白萝卜来腌制萝卜干（用盐、米糠、胡椒进行腌制），以保证寺院一年的食用量。最后是熬糙米粥（到冬天会在粥里加入切成小方块的年糕丁），也要用一小时。这一切完成后，糙米粥、萝卜干、梅干（一种小咸菜）和芝麻盐就可以上桌，成就永平寺早斋的四大金刚。

寺院的午斋和晚斋，需要制定菜单。典座不会浪费任何一点食材（蔬果的叶子、茎、种子、瓤都不会丢弃），而是完全利用它们。在大库院，所有的边角料会放入布袋里，加入海带和香菇制作成味噌（日本豆酱）汤；青椒的籽、芯和筋蒂，会裹上面糊炸成天妇罗；萝卜皮也不会扔，用盐水浸泡揉捏，加一点芝麻油就又是一道小菜。为什么这么做？因为禅宗的思想认为，人是通过动植物牺牲生命才得以繁衍生活下去的，所以绝不能浪费。

说起来，永平寺的地理位置也是道元有意选定的：它处在日本的北陆地区（其名称来自日本古代五畿七道中的"北陆道"），气候相对较寒冷，尤其冬季时的降雪多，雪季时间也比较长，而且被三面大山环抱，所以

日本东京街头托钵的
僧人，艰苦的生活在
修行之路上必不可少

远离尘嚣。因为如净禅师当年有诲："须在深山幽谷之
间设立道场，并且只可传法于适应那种道场环境的人。"
道元永远记住了这一点，他认为能忍受得了禅宗苦修的
人，才是合格的弟子。

生活中所有的事情都是修行。走在永平寺的光阴
里，道元留下一首和歌："春开见花，子规鸣夏，月当
秋夜，隆冬茫茫雪送寒。"而他怒斥过的贵人北条时赖，

后来于镰仓开创建长寺，并请中国天童寺来的高僧兰溪道隆为开山。日本康元元年（公元1256年），北条时赖前往最明寺出家，号觉了房道崇。弘长三年（公元1263年），他卒于最明寺北亭，年仅37岁。

禅本无味，人生却有道，生活是三餐的料理，也是实实在在的磨砺。在下一篇，关于禅的食之路，让我们京都、临安见。

♆ 京都与临安，味道的两极

无论是对荣西还是道元而言，京都始终都是一个门槛。因为古都的地位，不是镰仓这种当时还比较偏僻的小邑所能比的。

京都，又叫平安京，它不是日本历史上的第一个古都，却是影响最大的古都，如今已成为日本最具代表性的观光都市和文化都市，还有多处古迹被列入世界文化遗产。从公元794年一直到现在，它从效仿中国唐代的京师长安起步，托起了平安时代，造就了室町时代，孕育出独具日本特点的审美观、饮食观和价值观。这里是公家文化（皇族公卿的贵族文化）的摇篮，也是佛教势力的大本营。当年，鉴真大师东渡第一站，就来到了京都，并将他的传教影响力以京都为起点，扩散至整个日本。

时至今日，这里有 1600 多座佛教寺庙。从中国传来的佛教各大宗派，都在这里建有自己的道场。禅宗传入日本后的两百多年间，由于统治者的推崇，使得临济宗 14 派的本山，几乎都建在京都和镰仓。后来，到了南宋淳祐年间（宋理宗赵昀的第五个年号，时间是公元 1241 年—1252 年），一位日本僧人带回了集南宋五山禅院文化精髓的《五山十刹图》，这是一本非常详细的"禅院建筑营造指南"图片集，书里对南宋时中国禅寺的配置、建筑、家具和室内陈设摆放等做了真实记录，几乎没有遗漏的地方。这就引得日本各大禅寺的僧人纷纷对其手抄传录，一时竟成为热门。

已控制镰仓幕府的北条家族看到了禅宗的崛起，就想借助处在上风的中国文化的力量，夯实自己的统治基础。于是就模仿南宋的五山制度，在镰仓设立了"五山"，分别是建长寺、圆觉寺、寿福寺、净智寺和净妙寺。到了公元 1333 年，在各种倒幕势力的攻击下，北条全族数千人，在镰仓城西谷的东胜寺集体自杀，镰仓幕府灭亡。两年后，一直与幕府相对峙的京都天皇派，推出了京都"五山"，它们是天龙寺、相国寺、建仁寺、东福寺和万寿寺。至此，日本就有了两套五山制度，这些享有盛名的寺院，如今已经是人们领略东方禅文化的窗口。

公元14世纪的中国，先后历经了元、明两个朝代（元朝的统治在1368年结束，在这一年，朱元璋称帝建立明朝）。这是一个城市和市民经济继续快速发展的时期。"山外青山楼外楼，西湖歌舞几时休。暖风熏得游人醉，直把杭州作汴州"，南宋王朝一百五十年的繁华已如风吹过，其都城临安（杭州）的辉煌却一如往昔——它只是失去了作为首都的功能，在商业和文化上，它依然处在高地。杭州作为京杭大运河的终点，以其为纽带，可以控制联结南方的江、浙、闽、赣四路组成的江浙行省，而江浙行省是中国东南的中心，经济实力是元朝各行省中最强的。元朝统治者因为看到了这点，所以非常重视对杭州的和平统治。

不管在哪个朝代，国家都需要钱粮，要搞活经济也

京都祇园的花见小路，原本是建仁寺的一部分，现已是京都的文化名片，在这里漫步可以感受传统的京都风情，感受闲适的生活和艺术的情趣

要有相应的政策：元朝在商品流通的过程中，不征收过境税，只在商品进入销售环节时才会征税（针对交易行为征税）。在文献《元史·食货志》中，涉及赋役制度下税收类目的有税粮、科差、岁课、盐法、茶法、酒醋课、商税、市舶、额外课等，其中盐、茶、酒、商、市舶

这些利润高的类目，都是江浙行省贡献了大头。当时全国一万锭以上税额最高的场务有四处，其中三处都在杭州。

元朝延续了南宋海外贸易的繁荣，参照南宋旧制设置了市舶司。尤其是在杭州，早在元世祖至元十四年（1277 年），朝廷就设立了市舶司，而同时期相继设立市舶司的还有今天的宁波、泉州、广州、上海等东南沿海城市（《元史·食货志》记载），可见元朝的心态是开放的。而南宋只有半壁江山的风流，元朝却是大一统的中国，它可以调配全国的物资，做进出口贸易。比如江浙的茶叶、丝绸，景德镇的瓷器，各地的中药材等，这些都是蜚声海外的硬通货，畅销不衰。

由于东亚国家在文化上的共通性，还有相近的地理、气候形成的风物特点，以及经过长期学习对中国产生的仰慕之心，日本一直是中国商品出口的主要目的地之一。从日本的博多（今福冈）跨越东海到中国的明州（今宁波），从宋代初期到明代中期差不多五百年的时间里，这条路一直是中日之间的主要交通路线。当年的荣西禅师，也正是沿着这条航线，两次入华求学，最终以所见所闻所想，写成了《吃茶养生记》。在日本，中国货叫作"唐物"，对应日本国产的"和物"。"唐物"一开始是包罗万象的。比如说在平安时代，日本遣唐使带回了八种"唐果子"和它们的制作方法：梅枝、桃枝、葛胡、桂心、黏脐、毕罗、锤子、团喜，其使用的主要原料是糯米、小麦、大豆、小豆等（成书于12—13世纪的日本古代文献《厨事类记》中有一份当时宴饮的食单，在"唐果子"部分明确记录了这八种面食制品）。但是做果子就要有砂糖，日本当时还不产砂糖，所以这些点心后来就渐渐失去了踪迹。但是另一种"唐物"——茶道用器，渐渐在日本的统治阶级中风靡开来，并与日本本国的多种文化共同交织，融合成东方的优雅。

先说回京都。我们在这里把它与临安进行对照，是因为两座城市在文化风格上的相似：从古至今，它们都是风景秀美、建筑典雅，从而吸引无数文人雅士的地方；它们都有闲逸的市民文化、既传统又重视创新的手工业、悠远的佛教氛围，以及追求茶道和美食的生活情趣。总之，它们是温柔的、流淌的、细节的、优雅的，以无声胜有声，是让人回味的地方。

京都优美的自然风景与城中林立的古寺，融合成东方文化的典雅

　　以日本的条件而言，京都的地理位置和气候算是不错的。它位于日本列岛的中心地带，北边是日本海和福井县，南面临大阪府和奈良县，东与三重县、滋贺县毗邻，西与兵库县接壤，是典型的盆地气候，所以四季分明、昼夜温差大、降雨少、有丰富的地下水资源，从而使得本地的自然物产也较丰饶。

京都的食物最出名的是"京野菜"，它不是我们通常理解的那种"野菜"，而是特指京都产的传统蔬菜，相当于中国各地的地理标志产品，如西湖龙井茶、苏州碧螺春茶、阳澄湖大闸蟹、黑龙江五常大米等。那么，什么才是"京野菜"？对此，京都一板一眼地说明：首先，是明治时代以前引进种植的蔬菜；其次，产出的地区包括京都府所辖的所有区域；再次，包含竹笋在内的蔬菜（马齿苋和菌菇类除外）；最后还有一点，"京野菜"既包括目前还在种植的品种，也包括已经灭绝的品种。

京都人认为，一方水土种一方菜，由于京都的气候风土优越，所以在这里经过长期培植的蔬菜，有不寻常的清鲜滋味，比较出名的京野菜有九条葱、京水菜、贺茂茄、圣护院萝卜等等，都是以具体产地命名，分别对应了该产地土壤的不同结构和特征。

以"京"命名的食物也不仅止于蔬菜，还有京果子、京豆腐、京渍物（酱菜类）等，但其中并无肉类的影子，连鱼鲜也少见。究其原因主要有两点。其一，京都是东、西、北三面都靠山的内陆盆地，以古代的物质水平和物流条件，无论是从南边的太平洋还是从北边的日本海，要把新鲜的海鱼虾蟹运过来且保持品质都非常困难。即使是近旁的琵琶湖里所产的河鲜，也不是普通人能够消费的，这就造成了京都肉食资源的匮乏。其二，在肉食本身匮乏的基础上，日本古代的天皇们，因为接受了佛教"不杀生"的理念，从公元675年开始，颁布了第一个正式法令，禁止每年4月到9月期间食用牛、马、狗、鸡和猴这五畜，甚至收缴了民间的捕猎工具。再随着时间的推移，从8世纪中期开始，一直到19世纪的中叶，日本人无论阶层与贫富，都是以素食为主的。而四足的动物不能吃，养殖也不可以，只有从江海湖泊里捕捞的鱼虾蟹贝不在禁食的范围内。后来的日本料理受这一段历史的影响深远，具有清淡而重本味的特征。

临安的地貌以丘陵山地、平原为主（丘陵更多），但它的物流条件非常好。由于隋炀帝当年不顾一切地开凿了京杭大运河，使得临安在一千年前就能统筹调运中国南北的物资，奠定了人才汇集、资金密集、政策扶持的中心城市地位，无论是在唐末五代还是宋朝，再到后来的元朝、明朝，它都是一个繁华富丽的"天堂"。

由于市场上的物资始终充足，临安的饮食很早就实现了商业化，在风味上则是南北荟萃、荤素任选（宋朝时牛肉不能吃。编订于北宋初年的《宋刑统》中，有"诸故杀官私牛者，徒一年半""主自杀牛马者，徒一年"的法条，以禁止百姓吃牛肉。南宋时此法令仍未放松）、甜咸随意。写《梦粱录》的南宋临安人吴自牧描绘道："杭州人烟稠密，城内外不下数十万户，百十万口，每日街市食米，除府第、官舍、宅舍、富室，及诸司有该俸人外，细民所食，每日城内外不下一二千余石，皆需之铺家。""市食点心，四时皆有，任便索唤，不误主顾。""处处各有茶坊、酒肆、面店、果子、油酱、食米、下饭鱼肉、鲞腊等铺。"

吴自牧写作的年代是宋元之交，可以看到，朝代更替并未对临安的经济和文化局面造成大的影响，香车宝马人依旧，市井始终繁荣。但这时候的日本京都，却正因禅宗的兴起和武家的隆盛，将面临一轮新的纷争。

未来要走向何方？不远处，一个金光闪烁的时代正在前来。

🍵 北山时代,金光灿烂

时间已经来到了公元1333年，就在镰仓幕府灭亡的同时，另一个武家政权开始崛起，那就是室町幕府。而这个幕府的出现，是因为"天皇扳倒了天皇"。究竟是怎么一回事呢?

倒幕运动是由当时的后醍醐天皇策划发起的，出了大力的是手握重兵的武将足利高氏（足利氏是清和源氏义家流嫡系子孙，一直在等机会清算北条氏）。在镰仓幕府灭亡后，后醍醐天皇赐足利高士

名为"尊氏"，但对他要求获得"征夷大将军"的称号一事不置可否，同时，天皇还对尊氏的权力加以各种限制。于是到了公元1336年，筹谋多时的足利尊

氏率军攻入京都，推翻了后醍醐天皇，改拥持明院统丰仁亲王为光明天皇，并改年号为延元元年。他终于受封"征夷大将军"，建立起了室町幕府。

就在足利尊氏攻入京都时，后醍醐天皇收到信报，连忙改换女人的衣服逃进奈良吉野山，宣布建立南朝政权，与室町幕府相对抗。于是，日本历史上的"南北朝时代"出现，时间持续了五十多年，直到室町幕府第三代将军足利义满执权时，才将两朝统一。不过，从公元1336年到1573年的两百多年间，只有把治所定在京都的室町幕府，才是日本的实际统治者（日本南朝是以皇室为核心的公家朝廷，日本北朝是以武士为核心的武家政权，随着日本社会的进一步发展，公家朝廷的号召力和对国家的控制力都不如武士的朝廷，实际已经成为傀儡，北朝取得全面胜利，而后世的日本天皇，基本都是北朝一系的）。

在这个幕府当中，有好几代将军都是"唐物"的忠实爱好者。就比如足利义满，他偏好中国花瓶和书画；而第八代将军足利义政，喜好来自中国的各种茶器。对将军们的收藏，御前艺术家能阿弥和相阿弥两人合撰了

《君台观左右帐记》（"君"指的就是足利义政将军，"台观"是居室，"左右帐"是指居室内壁上的陈列）加以说明介绍。后来，又因为足利义政自建的宅邸叫"东山山庄"，所以这本书中所记载的宝物，也被称作"东山御物"。足利义满出于实际利益的考虑，在公元1401年（明建文三年），给明朝皇帝写了一封国书，内容如下："日本准三后某，上书大明皇帝陛下，日本国开辟以来，无不通聘问于上邦，某幸秉国钧，海内无虞，特遵往古之规法，而使肥富相副祖阿通好献方物，金千两、马十匹、薄样千帖、扇百本、屏风三双、铠一领、筒丸一领、剑十腰、刀一柄、砚筥一合、同文台一个，搜寻海岛漂寄者几许人还之焉，某诚惶诚恐，顿首顿首，谨言。"（该函记载于公元1466年成书的日本第一部中日关系史专著——《善邻国宝记》，作者瑞溪周凤是一位曾参与日本对明朝外交活动的禅僧）

这是一封言辞恳切的来信，让开国以来一直寻求与日本建立朝贡关系的明王朝觉得满意，于是建文帝在第二年回复了一封诏书，并赐其"日本国王之印"。足利义满接受了明朝的册封，承认了明朝的宗主国地位，因为他需要通过朝贡贸易为其统治下的日本牟利，同时自己也能获得各种梦寐以求的"唐物"。

就在这时，中国历史上极富戏剧性的一幕发生了：建文帝派遣的使者前脚刚到日本，朱家王朝内部就发生了"靖难之役"，建文帝叔父——燕王朱棣于当年的六月攻陷南京，并将建文四年的年号改为洪武三十五年，这样就一举架空了建文帝及其统治。

同年九月，朱棣遣自己的使者前往日本下达诏谕。到第二年（公元1403年，即永乐元年），又遣大臣前往。这时候，已经从震惊中恢复过来的足利义满，急忙派日本贡使先一步到了宁波，并向大明皇帝表态："日本国王臣源表。臣闻太阳升天，无幽不烛，时雨露地，无物不兹。矧大圣人，明并曜英。恩均天泽，万方向化，四海归仁。钦惟大明皇帝陛下，绍尧圣神，迈汤智勇。勘定弊乱，甚于建瓴。整顿乾坤，易于返掌。启中兴之洪业，当太平之昌期。虽垂旒深居北阙之尊，而皇威远畅东滨之外。是以谨使僧圭密、梵云、明空，通事徐本元，仰观清光，伏献方物……为此谨具表闻，臣源。"（记载于《善邻国宝记》）

定为日本国宝的中国文物一览表

名称	时代	尺寸 (cm)	收藏单位	指定年月	备注
汉委奴国王金印	东汉 57年	高2.2	福冈市美术馆	1954.3	1784年福冈志贺岛出土
方格规矩四神镜	魏 235年	直径17.4	京都府大田南五号坟出土	1996	附铁刀
盇兽葡萄镜	隋－唐代	直径26.8	爱媛县大山祇神社	1953.3	1面，白铜铸
海兽葡萄镜	唐代	直径29.5	千叶县香取神社	1953.3	1面，白铜铸
海矶镜	唐代	直径46.5	东京国立博物馆	1964.5	2面，白铜铸
白瓷莲华文轮花钵	北宋	口径26.5	东京都静嘉堂	1997	曲阳定窑
青磁凤凰耳花生	南宋	高33.6	大阪和泉市久保物纪念美术馆	1951.6	龙泉窑 铭万声
青磁下芜花生	南宋	高23.5	东京ARUKANS-YUURU美术财团	1951.6	龙泉窑
飞青磁花生	元代	高26.9	大阪市立东洋陶瓷美术馆	1952.3	玉壶春瓶点褐树彩
曜变天目茶碗	南宋	高6.6	京都龙光院	1951.6	建窑
曜变天目茶碗	南宋	高6.8	大阪藤田美术馆	1963.11	建窑
曜变天目茶碗	南宋	高6.8	东京静嘉堂	1951.6	建窑
玳瑁天目茶碗	南宋	高6.4	东京万野美术馆	1963.3	吉州窑纸花
油滴天目茶碗	南宋	高7	大阪市立东洋陶瓷美术馆	1951.6	建窑
唐物茄子茶入（一名绍鸥）	南宋－元	高6.07	大阪府大阪市汤木美术馆	1998	附朱漆方盘、象牙盖等
舍利容器－金龟舍利塔	唐代	高92	奈良县招提寺	1961.4	1套
银龙首胡瓶	唐代	高49.8	东京国立博物馆	1964.5	1只
黑漆七弦琴	唐代 724年	长109	东京国立博物馆	1965.5	九陇县造

日本国宝中的中国文物一览表（部分）

　　这封信不仅措辞谦恭，而且对朱棣进行了全方位的赞美，显然日本方面已经了解这位新皇帝的手段和脾气，知道他视权力高于一切，于是投其所好。

　　就这样，双方以勘合（大明王朝发的执照签证）为凭，指定宁波为日本遣明使的唯一登陆地，开展起了朝贡贸易。在明成祖朱棣在位的二十二年间，日本一共派出过八次朝贡使团，平均每三年就有一次。和日本派遣遣唐使的年代及目的不同，这回是真真正正地为了赚钱。日本与大明的关系越甜蜜，足利氏得到的好处就越多。在这样的中日贸易中，双方付出的成本是不对等的：日本方面只需准备来中国的航海船舶费用、单次航行的运费和少数的贡品，其他就都是贸易用的货品了。而明朝政府要负责日本贡使团到宁波后的一切吃穿住行费用，并发给贡使各种酒肉和服装费补贴，到其回国还另发数月的给养。

日本上供的货品，明朝不一定能看上，但一定会全部统购，还会回赐价值高出几倍的物品。比如一把武士刀到了中国，大明礼部给的回收价竟然是日本本土的六倍以上，利差惊人。而且日本当时是武士社会，最拿得出手的就是刀剑了，于是他们每次进贡必有刀剑，其他则主要是硫黄和铜（日本铜没有经过精炼，明朝可以用其来铸造铜钱）。

谈起勘合贸易的盛况，一位多次乘贸易船往返的日本商人说："唐船之理（利），不过生丝。唐丝一斤，二

百五十目；日本之价为五贯文。西国备前、备中，铜一
驮之价为十贯文。唐土明州、云州（温州），以丝替之，
可为五十贯者。"（日本奈良兴福寺大乘院主持整理的文

足利义满是中国书画的狂热爱好者，图为《唐绘手鉴笔耕园点心
图》，是其通过勘合贸易收藏的中国画家的作品，现藏于东京国
立博物馆

金阁寺

献集《大乘院寺社杂事记》记录，该文献集现藏于日本内阁文库）在中国宁波只卖0.25贯一斤的生丝，运到日本后能卖5贯的高价；而日本关西价值10贯钱的铜料，在宁波能换来50贯的收入；头脑灵活的商人们，再用这50贯作为采购金，在宁波购买200斤生丝，回国就能卖到1000贯的高价。生丝利润竟达到了惊人的100倍。

费尽心机的室町幕府还要赚两遍钱：一边从大明王朝得到远超贡品价值的"赏赐"，一边向从事外贸的商人抽取大量中间费用。幕府以将军的名义把明朝发的勘合符以300贯一枚的价格卖给前往宁波的贸易商，等商人们归国后，要将其实际贸易额的1/10作为商税，交给幕府当局。这一把操作，让幕府和足利义满本人赚得盆满钵满。

赚这么多钱干什么呢？早在公元1397年，足利义满就在京都的北山，用了一年多时间，修建起豪华的北山殿，满足了自己的夙愿——童年时，由于幕府创立不久，家底不厚，他的祖父和父亲没有固定的办公府第，经常要搬来搬去。深受颠簸之苦的足利义满想用自己全部的努力，修建一个理想而安稳的家园。

这座后来别名叫"北山山庄"的宅子，修建费用据说达到了100万贯之巨，而造园的费用和工人都是由各国大名（日本古代封建制度对领主的称呼）提供的。足利义满在这里出家，营建了鹿苑院的本堂，和自己修禅的舍利殿。他把这座舍利殿修得金碧辉煌（用金箔贴满整座建筑，让其在阳光下闪闪发光），当时的人们就称其为"金阁殿"。后来，北山殿由宅邸改为了禅寺，并以足利义满的法号"鹿苑院殿"命名为鹿苑寺，这就是我们如今所说的日本"金阁寺"。它已经在20世纪90年代被列为世界文化遗产。

37岁时，足利义满把幕府将军的位置让给了儿子，但儿子并未成年，他掌握着实际上的权力。通过多年与中国开展的勘合贸易，他积累起了巨大的财富，获得了数之不尽的中国奢侈品和艺术品。

公元1407年，为了表彰幕府协助大明王朝捕获倭寇的行为，大方的明成祖朱棣加赐给足利义满各种纻丝、彩绢、宝石、珍珠、剔红香盒等珍奇物品。为了在本国引起轰动效应，足利义满用了几个月的时间准备，把北山山庄的每间屋子都用最贵重、最华丽的"唐物"

装饰，然后在来年春天，邀请当时的后小松天皇巡幸山庄。所有随访的王公贵族都看到了幕府的气派和实力，啧啧赞叹、羡慕不已。足利义满则待天皇御览完毕后，干脆将一山庄的"唐物"都献给皇室。这样高调的炫富之举，震惊了朝野上下。

北山山庄成了足利义满的化身，足利义满成就了充满华丽感和力量感的北山文化。这是一个金光灿烂的时代，充满了金钱的味道，却也是高雅的开始。那些来自中国的"唐物"，在义满的身后开始斟满茶汤——有人对它朝思暮想，有人为它魂萦梦牵，多少风华与愁肠，终化为禅的偈语。

又是谁在黑暗中吟诵？

🏆 将军的茶碗里有什么

　　15世纪的日本，还在往前行进。公元1469年，日本的遣明贸易团有了新成员——随着一艘满载货物的遣明船在堺市（今天的大阪）徐徐入港，新兴的堺市商人，取代了以前以大名身份获得贸易权的日本贡使团。

　　堺市这个地方跟京都不一样，它没有不可逾越的身份和等级，没有盘根错节的关系网，因为它刚好处于古代日本各大名势力交界的边缘地区，所以无论是天皇还是将军的势力都很难渗透进来。这样长此以往，它就成了各方心照不宣的"特区"，在经济发展和城市治理上，具有相当大的灵活性。堺市因此成了日本极为罕见的"自治城市"，工商业非常发达。

堺市的商人带回来了一些新东西，比如精致的瓷器、当年的新茶以及日本稀缺的砂糖等。因为与堺市商人打交道的中国海商主要来自福建，他们提供的商品具有强烈的地方特征（福建自古是茶叶生产大省，区域内瓷器名窑众多，还是当时的制糖业中心），却刚好对应日本的需求。

　　在堺市快速发展的同时，室町幕府控制下的日本却发生了骚乱：从公元1467年到1477年，作为幕府管领的细川胜元和作为守护大名的山名持丰等发生争斗，分裂为东军和西军两股武装力量。战火最后遍及除九州等少部分地区以外的日本全境，造成了在日本人尽皆知的"应仁·文明之乱"。而这把火，是由当时的日本最高统治者——室町幕府第八代将军足利义政本人燃起的。

　　足利义政是足利义满的孙子，二人性格却相差很多：这是一个内心优柔、爱好风花雪月的统治者，他对政治不关心，对文艺很上心，爱好喝茶、弄花、修建庭园，还是个收藏中国艺术品的行家，所以后来被人称为"日本的宋徽宗"。

足利义政本来多年无子，就打算让弟弟足利义视做将军的继位者，但没想到妻子在第二年就生了个儿子，这下他的天平就倒向了亲儿子，再加上妻子的吹风，他就想反悔之前做下的决定。可是分别作为两大继承者保护人的细川胜元和山名持丰不答应，为了将来的权倾朝野，双方展开激战，最后让双方在国内其他地区的势力也卷了进来。战火中，繁华的京都几乎被打成了一片焦土。当时的混乱局面下，就连身处深宫、跟哪方势力也不勾结的天皇，都深受其苦——不但原本朝廷的仪式活动被迫暂停，连天皇自己也逃难到足利义政的室町第（将军官邸），一住就是十年，过着寄人篱下的日子。

　　作为最高统治者的将军足利义政，在骚乱中的表现让人失望。他经常摇摆不定、态度前后矛盾，一会儿支持这方，过会想了想又支持另一方，想议和却又不去推动。这种没有公信力的做派，使得室町幕府的威望尽失。从此天下的武将大名都在内心打起了自己的小算盘，日本的战国时代就要来了。

　　在政治表现一塌糊涂的情况下，足利义政宣布退位。公元1473年的冬天，他把将军的职位让给儿子，开始了隐居生活。在之前的执政生活中，由于他继续大力推动和明王朝的勘合贸易，因而得到了许多来自中国的好东西：绫罗绸缎、香料药材、花瓶茶碗等，当时的日本还做不出来这些东西，所以足利义政对它们爱不释手。在"应仁·文明之乱"中，很多兼做生意的大名被迫卷入战斗、无暇他顾，堺市的商人就抓住这个机会，与明朝开始了贸易，他们以市场眼光搜寻回来的这些"唐物"，也进入了将军的私库。

足利义政对"唐物"有着独到的收藏眼光。他曾经得到一个茶碗，是南宋时的日本武将平重盛向杭州育王山寺院捐赠了不少黄金后，住持佛照禅师回赠的谢礼——一个南宋龙泉窑青瓷（梅子青）葵口茶碗。它高6.9厘米，口径15.4厘米，底足直径4.5厘米，器敞口、弧腹、圈足。足利义政极其珍爱这个碗，因为在中国，龙泉窑此时的烧造技术已经过了高峰期，想要再烧出与此完全相同的釉色很难。他日夜对着这个碗，却发现它的底部出现了裂缝，有破碎之险，于是立马派幕府的使者前往中国，希望大明工匠以此碗为原型仿制。试验当然是失败了，无奈之下，也不能让使者空手而回交不了差，匠人只得在茶碗上用铜绊铜钉进行修补，然后送回日本。

当使者忐忑不安地把这个带补丁的碗呈给足利义政时，他内心本来作了最坏的打算。没想到的是，将军盯着这个碗转了几圈，看到碗壁上那显眼的铜钉，不但没有生气，反而高兴地喊起来："这是蚂蟥啊！"原来这六瓣的葵口碗上锔的六枚铜钉，形状就跟蚂蟥一样，跟以前相比，倒也有种别致的趣味。眼见将军喜欢，使者的心也放回了肚子里，从此这只青瓷茶碗便得名"蚂蝗绊"（青瓷碗的来历经过，由日本儒学家伊藤长胤记录整理成《蚂蝗绊茶瓯记》），成为日本艺术史上最出名的破碗。到现在，茶碗已由世代收藏它的三井财阀捐献给日本东京国立博物馆珍藏。

足利义政享受着各地送来的精致稀奇玩意。1482年，他在京都东山的月待山麓开始建造东山山庄（又称东山殿），而这片土地，原是在应仁之乱中被烧毁的净土寺的所在地。这时候应仁之乱还没有完全平息，日本国内的经济其实很困难，但是足利义政更关心他的庭园是否精美。为了推进这个大型的土木工程，他一边征取各地守护大名与庄园领主的纳入金，一边大收来自诸国（日本古代的"封国"）所征的临时税，同时，对老百姓课以劳役（造园），过着与时代背景相脱节的风雅生活。

他的理想是修一座比祖父足利义满的北山山庄更高雅有品味的私家园林。所以他真的做了件和宋徽宗一样的事：搜罗天下奇石。为了造园，足利义政动用自己的权力，逼得王公贵族、武家大名和寺院、神社等不得不进献修庭园需用的植物和石块，还要到处去找将军要的名木和名石。

东山山庄的中心建筑是观音殿，即后来大名鼎鼎的"银阁"，可它是一座朴素的建筑，不像足利义满的"金阁"舍利殿，名副其实地在建筑物表面贴金箔，"银阁"并没有贴过银箔的痕迹。所以对这个名称，人们有两种看法：一说是建造者起初计划用银箔，但后来由于幕府的财政告急，没办法再按计划完成；二是有学者认为，足利义政原本定在此楼隐居，以他的品味和风格，应该一开始就定下用木材的原色，而不会铺银箔。但无论是铺金箔还是铺银箔，都说明了在当时的社会，崇尚华丽才是上层的风气。

明代建窑天目茶盏，现藏于东京国立博物馆

东山山庄还未建成，就成了足利义政和文人学士、艺术家、僧侣们举办茶会、花会等各类艺术聚会的地方。能阿弥和相阿弥两代艺术家（相阿弥是能阿弥之孙，两代人都是将军府的文化侍从），最终是在这里清点整理出室町幕府用一百五十多年时间搜罗的茶器、花器、书画、文房四宝等数量可观的精美"唐物"，编成了《君台观左右帐记》（能阿弥在公元1471年去世，后来在他的整理基础上，相阿弥完成著述）。它告诉人们室町时代将军们的殿堂如何装饰、不同种类的名贵器物如何鉴定，以及什么样的场合应该用什么样的器物等内容，是一部日本中世时代（指公元12世纪末到16世纪中期、从镰仓幕府建立到室町幕府崩溃的三百多年）的"贵族生活艺术指南"。

山庄里的东求堂是足利义政的佛堂兼茶室，一侧是供奉着观世音菩萨的佛台，另一侧则是大小约四叠半的榻榻米（叠是传统和室中用来计算房屋面积的单位，四叠半的榻榻米是7.29平方米）的茶室。他在这里像他的祖父和父亲那样，玩一种当时在日本幕府上层流行的、由宋朝传过去的斗茶游戏。不过有所区别的是，宋朝的斗茶斗的是"汤色"和"水痕"：首先看茶汤色泽是否鲜白，纯白者为胜，青白、灰白、黄白为负；其次看汤花持续时间长短，如果汤花很快散开，汤与盏相接的地方露出"水痕"，这就是输了，水痕的出现要求越晚越好。而到了日本，人们比的是通过饮茶，猜出面前的茶是"本茶"还是"非茶"（日本京都的宇治市出产的茶被称为"本茶"，其他地区产的称"非茶"）。

明景德镇窑青花花鸟纹罐

银阁寺

后来，为了能让将军将贵族生活的艺术感进行到底，能阿弥还编制出了一整套点茶程序。这套程序对茶会的主、客双方都提出了要求，既规定参加者要据其身份穿相应的衣服，也对置茶台子、点茶用具、茶具位置、拿法、顺序和进出动作等进行严格规定。

东山山庄的修建整整用了八年，一直到公元1490年足利义政去世，它才宣告完成。但是主人已逝，东山也就谢去了宾客，衰草满庭，不复旧时风流。为了供奉足利义政的化身菩提（他在公元1485年出家，法名慈照院喜山道庆），东山殿被改为寺院，创立为慈照寺。

后世之人为了将其与足利义满的北山"金阁寺"（鹿苑寺）相对比，就称它为东山"银阁寺"，同样成为日本的古都文化中不可或缺的一环（20世纪90年代，慈照寺作为"古都京都的文化财产"的一部分，被列入世界文化遗产名录）。而以东山山庄为中心形成的东山文化，因为凝聚了日本公家、武家、禅宗的思想精髓，成为后来侘寂美学的开端。

生活的侘寂，正是从一碗茶汤开始的，那么它是谁端出来的呢?

第二章
乱世的茶汤

02

日光清冽的下午，一个衣着简朴的中年人，慢慢走在幽深曲折的回廊上，要去往茶室。

🍷 谁端出了侘茶汤

回到公元 1470 年的将军幕府。日光清冽的下午，一个衣着简朴的中年人，慢慢走在幽深曲折的回廊上，要去往茶室。他要在那里和能阿弥交流，学习日本立花和"唐物"的鉴定方法。而对于能阿弥来说，因为自己年事已高（时年 74 岁），能把毕生所学传授给一个勤奋的人，这让他欣慰。在乱世之中，他们没有太多的客套，一般直接讨论正题。因为时间珍贵，万一有什么变故，就会是一生的错过。

这个生于奈良的中年人，名叫村田珠光，本是一介平民，幼年时曾在老家的一个净土宗寺院做和尚，因为疏忽了寺役，结果被赶了出来。从此他四海为家，直至漂泊到了京都。到京都以后，他去大德寺拜"疯僧"一休宗纯（历史上真正的一休禅师）为师，学习临济宗杨岐派的禅法。也正是因为这样，才有了后来影响深远的"茶禅一味"的说法。

在中世的日本，虽然中国的茶叶、制茶技术、茶艺和禅宗思想都传了进来，但是茶归茶、禅归禅，两者还没有融合成一种生活的美学。在当时来讲，有能力办茶会（正式名称叫"茶寄合"）的主要是上流社会，包括皇室、幕府、大名和有地位的僧侣，所以有茶的地方往往权贵满座、名器云集、金银环绕，其排场让人瞠目。

曾经有一位生性高调的大名佐佐木道誉（足利尊氏的幕僚，对室町幕府的建立有功）迷恋香道、花道和茶道，在他举办茶会的时候，"会所中集聚了本朝和异国（中国）的珍宝，设百座之席，曲录（一种椅子）上铺设虎豹之皮，人们各自穿着缎子、金襕裁制的华服，并列成四主头的主宾席位……每人面前的食案上，摆放着十番斋羹、百种点心、五味鱼鸟和甘酸苦辛的果子，琳琅满目。饭后行三巡美酒，然后取出用于斗茶的百种物

日本浮世绘画师月冈芳年笔下的日本武士形象，他们的生活是古
代上流社会的剪影

茶道之谜：美食的真相

品，陈列在侧。"你以为这就完了吗？没呐！下面还有更奢华的：

"首次的头人（斗茶的主持人）上来时，有六十三人各自将奥州（位于今日本岩手县）的染织物百件置于面前；第二次斗茶的头人上来，将各色小袖（穿在礼服内的有筒袖的衣服）十重置于众人面前；到第三次的头人，再将沉香百两、麝香脐三个放上；第四次的头人将沙金（日本的金矿最初是在河底被以沙金的状态开采的，纯度低）百两、金系花盆放上；到第五次的头人时，会放上一副铠甲，柄和鞘上饰有鲨鱼皮的白大刀，以及柄和鞘上饰有金印的大刀等。再以后，还有二十余名头人，各个皆取出名贵的物品，堆积如山、光芒四射。"（该段文字出自日本历史小说《太平记》的描写，全书以日本分裂为南北朝至室町幕府初期的社会为背景）

这哪里是在斗茶，分明就是斗富！就单说这沉香，在宋代有"一两沉香一两金"的说法，到明代也就是日本室町幕府的执政时期，更是变为"一寸沉香一寸金"，一般只有天皇和将军这样显赫的人物才有资格品香，作为臣子的武将大名，其得到的沉香也主要是来自幕府。

而刀则是武士阶层的象征（日本的封建时代，只有武士才有资格佩双刀），铸造一把装饰华丽的日本刀要用到多种工艺，耗费时间颇长，造价也很惊人。这么多昂贵耀眼的物品，在茶会上摆满了整个房间，那这茶会岂是一般人能够高攀的！

可这时候的日本经济有那么好吗？非也！在佐佐木道誉生活的时期，日本的农民才刚刚过上一日三餐的生活（古代生产力落后，粮食供给不足，很多人都是一日两餐）。就是幕府自身的家底也薄，想要兴建一个工程，都要细细盘算。足利尊氏为了抑制社会中这种奢靡的风气，在公元1336年颁布了《建武式目》，其中就说道："近日号婆娑罗，专好过差，绫罗锦绣，精好银剑，风流服饰，无不惊目，颇可谓物狂欤！"他要求全国上下一心，各阶层厉行节俭，禁止"群饮佚游"也就是挥霍过度的聚众娱乐活动。

不过，这样的禁令很快就消失在像佐佐木道誉这样的"婆娑罗大名"的炫富行为里。发展到后来，连幕府继任的将军们自己也沉迷斗茶，许多有地位、有影响力的神社寺院也加入斗茶队伍中。

村田珠光的师父一休禅师非常看不惯这种风气。他本是皇子（一休的父亲是日本南北朝时的北朝后小松天皇），出身高贵，但因为母亲来自南朝望族藤原氏而被赶出宫，从小就遁入空门，参透了世间的一切。一休对自己的生活毫不讲究，作为高僧，他去参加最重要的法会都是一身布衣草鞋，俭朴到了破烂的程度。他还看不起当时的寺院长老们热衷交游、攀附权贵的样子，对社会上的奢靡风气，一休愤愤不平地说："大风洪水万民忧，歌舞管弦谁夜游。"

受一休的影响，在大德寺修行期间的村田珠光真正接触到了茶。因为坐禅占据一天中相当长的时间，而珠光很容易犯困，他需要借助茶来保持清醒，从此爱上了喝茶。

有一天，一休突然点名叫珠光奉茶。可就在珠光捧茶上来时，一休却一边大声呵斥，一边将他的茶碗打落在地，而珠光没有动。一休道："喝了？"珠光应声回答："柳青花红。"这是充满禅意的对答，一休和弟子珠光借由这碗被泼洒的茶汤，隐喻世间诸相有形即无形的道理。原来，这是一场考试，珠光通过了考察，他已经懂得"茶汤之中亦有佛法"的真谛。据说正是因这场对答，一休后来将自己珍藏的圆悟克勤（中国宋代高僧）的墨迹"茶禅一味"也传给了珠光。

就在上流社会豪奢宴饮的同时，日本民间也有了自己的茶会。一开始是因为在佛教传统的盂兰盆节（农历七月十五，即中元节）期间，寺院有向社会大众施茶的习俗。这是佛教的布施，不分身份地位，即使是头顶贫无片瓦的乞丐，也可以讨碗茶喝。许多来自社会下层的劳工，因此三三两两地聚集在一起，喝茶取乐做游戏，输了的人就要罚喝"云脚茶"。久而久之，这样由下层民众聚在一起饮茶的活动，就被称为"云脚茶会"。

什么是"云脚茶"呢？北宋茶学家蔡襄在其《茶录》一书中说："茶少汤多，则云脚散；汤少茶多，则粥面聚。"宋人斗茶用的茶，是被碾细的茶末。如果茶末放得少了或者茶的质量不好，那么茶筅搅动起来形成的泡沫会很快消散，退去的速度像天边的云脚。所以，这个听起来有些诗意的称呼，其实是在说茶的质量不好。

"云脚茶"太次，"大名茶"太奢，日本茶事到了村田珠光手里，确立了新的风格——"草庵茶"，也就是"侘茶"。它的意思是，茶之本味应与人的精神相通，所以要除去那些富丽累赘的事物，以素朴简淡的形式进行茶事，以禅的思想指导内心，达到修身养性的目的。这就是后来的日本茶道的起源，是禅宗与茶的结合，是整个东方文化从倚重茶艺向重视茶道发展的一个关键点。从此，作为物质文明的茶叶，被赋予了深刻的思想内涵。

在确立茶道的道路上，珠光遇到了能阿弥。能阿弥是将军的文化侍从，是那个时代极少有的精通书、画、茶等各种艺术的"高人"。在他的帮助下，珠光了解到全日本最有身份的人如何执行茶会的礼仪规矩（将军家的茶会遵从足利义满在《三义一统大双纸》中规定的武家礼法）、如何设计空间、如何取用茶具、如何装饰艺术品等。然而，珠光面临一个极大的困难：这样的茶会虽然高雅，但是烦琐，而且花在建筑、茶道具和艺术品上的钱太多，普通日本人不但拥有不了，甚至这一生连见也没有机会见。如果以这样贵族化的路线去发展，茶又怎能被普及呢？

在这样的指导思想下，珠光首先改革茶室的形态：他把当时奉为主流的六到八叠榻榻米大小（按日本榻榻米换算，六到八叠榻榻米约为9.72至12.96平方米）的茶室进行了缩小，并确立四叠半榻榻米（约7.29平方米）为茶室最合适的面积。他认为这个面积最符合"想遁世清修之人独自隐居的需要"，因为面积小了，茶室内的装饰就不可能烦琐，人们就不必关注那些耀眼的事物，参加茶会的人也不会有几十上百号，来宾可专心于精神交流。

他又放弃了以中国书院为蓝本的亭台楼阁式的书院茶室，而是将日本城乡到处可见的低矮老房子（多为茅草顶）作为举办茶会的空间。它们后来被称为"草庵茶室"，在这里举行的茶事活动，自然就是"草庵茶"，这是一个非常接日本地气的成功改造。在这样的改造基础上，茶室内陈列的就可以不必只有"唐物"，而是用上日本本土烧造的、并不华丽但是别有风味的茶器具。这一点非常重要，因为只有茶叶和茶具被本土化、实用化，才能真正推进一个时代的茶事发展。

能阿弥在去世前，十分郑重地向足利义政推荐了珠

京都高台寺内的茶室遗芳庵，是一处典型的草庵茶室

光任将军的茶道教师，足利义政竟然也与珠光投契，两人甚至促膝长谈到半夜。珠光就此还俗，以一个茶人的身份，开始了十年的茶禅之路探索。他在京都六条（街道名）建立了自己的茶室——珠光庵，把从恩师一休那里得到的中国高僧"茶禅一味"的墨迹，挂在这个只有四叠半榻榻米的小茶室里。低矮的草庵、幽深的光线、寂静的古街，一切的一切，都充满了侘寂之感。

人生如茶，化作茶汤。珠光的一生，留下了极耐人寻味的话："茶道之美，在于冷淡枯瘦。月亮若无云相间亦令人生厌。"

谁解得其中滋味？

🍵 堺市的茶人如何呢

今天的人们去日本观光，一般都会选择关东和关西这两大路线。关东的中心是全世界地价最高的地方之一——东京，代表着现代和时尚；而在关西，则聚集了京都、奈良、大阪等充满了传统文化底蕴的城市，这里有长达一千多年的历史，是日本大和文化的发源地。

在之前的篇章里，我们提到了一座特别的城市——堺市，也就是今天的大阪。它在充满了侘寂之美的茶道发展过程中，起到了提供物质支持的作用。由于"应仁·文明之乱"的影响，堺市与中国之间的贸易空前发展，一大群原本并无名气和地位的堺市商人走上了历史的前台。其中，就包括继承了珠光茶道理想的武野绍鸥。

我们知道在古代的中国，社会民众被长期划分为"士、农、工、商"四个等级，商人处于社会地位的最底层。而在日本封建社会的很长一段时间里，人也被分为九类：天皇、将军、大名、武士、僧侣、商人、艺人、农民和手工业者、贱民。前五个等级都是统治阶级，有名望有地位，尤其是将军和大名，对下面等级出身的人，握有生杀予夺的大权。而且在古代的日本，每个人的身份都是世袭的、固定的，法令要求人们的衣食住行必须与其世袭身份相一致，否则就是僭越。

　　在日本封建社会的等级中，最尴尬的人群就是商人，他们往往有钱有眼光，就是没有地位和权力。就以堺市来说吧，海上贸易让商人大发横财，他们吞吐万金、广置土地，但金钱并不能为其带来社会地位。从15世纪到17世纪，堺市最发达繁荣的时间段是在公元1469年到1615年之间，当时每一艘从中国顺利返航的商船，只要装满了丝绸和瓷器，就能获得相当于现在20亿元的利润，这催生了许多巨富。

　　当时常住人口在8万—10万人的堺市，城市规模其实非常小——东西长1公里、南北长3公里，却出人意料地遍地都是寺院，据说最多时达到了300座。它们大部分都是在中日贸易的高峰期造起来的。为什么呢？原来，按照日本的社会等级规定，商人就算再有钱，也不允许建造铺盖金箔瓦的豪宅。为了突破这一点，豪商们就把自己新建的豪宅转变为寺院，然后本人和整个家族都选继承人出家，来世代维持这个寺院。这样，豪宅就转化为寺院的庙产。这样做的好处有两点，一是整个家族的社会阶层得到提升，二是非常直接地避税——古代日本的税收政策，是对寺庙拥有的土地免征土地税的，所以很多贵族和富商为了减轻赋税，就将自己的土地转到寺庙名下。

人有了钱、社会地位也提升了，当然要进行高雅的消费，所以堺市的茶会非常盛行。许多特别在意形象的堺市商人，把生前大部分的财产都花费在了茶事上。而因为"应仁·文明之乱"的缘故，来堺市避难并定居的达官贵人和禅僧很多，他们带来了成体系的茶礼和茶法，这让堺市商人有了学习的对象。另外一方面，由于和中国的贸易往来，他们带回了大量精美绝伦的茶器具，堺市商人办茶会就有了把玩、消遣和炫耀风雅的资格。根据资料显示，当时堺市的豪商们从遥远的景德镇购买青花瓷器，曾是整窑整窑地购买，可谓大手笔（堺市临济宗海会禅寺的《蔗轩日录》对此有记载）。

在这样充满金钱又追求风雅的奇妙氛围中，总会出现一些与众不同的人。就比如武野绍鸥，他本是一个皮革批发商的儿子，家里有一定的资产（绍鸥24岁那年，家族便在京都四条室町营建住宅），甚至还为他捐过一个官（其父向当时已是傀儡的公家朝廷捐钱，使他被授予一个因幡长官的官位，官阶在"从五位下"）。但是在31岁那年，他剃度出家当了和尚，从此以"绍鸥"为号。

武野绍鸥立志以追求茶道为终身事业，是在他来京都学习以后。绍鸥学茶的地方，在京都的下京，这里从平安时代末期开始发展，是京都主要的商业区，在这里居住和生活的也多是商人和小市民。当时，这一带各种茶事的氛围非常浓，他先后师从村田珠光的三位高徒——藤田宗理、十四屋宗悟和十四屋宗陈，向他们学习了"草庵茶"。在狭小的茶室空间里，他感受着与堺市的茶圈完全不同的风格：幽暗的光线，映照着背后那位宋代高僧的墨迹（即南宋园悟克勤禅师的手书，属于"珠光名物"的一种，现藏于日本东京国立博物馆），面前则摆放着一些古旧、笨拙甚至有些残破的茶碗（即"珠光茶碗"，其实是来自中国的劣化青瓷茶碗，颜色发黄如同枯叶，与上流社会对青瓷的要求和审美大相径庭）。这就是村田珠光所说的"残念"，意思是行茶之路充满了遗憾，人生更是充满遗憾，要欣赏"不完美的美"。这种美，就像被阴云隐隐遮蔽的月亮，没有遗憾作为背景，就无法凸显它的珍贵。

在这样的所见所想中，豁然开朗的武野绍鸥决心要让"草庵茶"脱胎换骨。他首先打破了过去只有"洁白、光亮、圆润、美观"的瓷器才能成为茶器的观念（上流社会的将军、大名们眼中的茶道审美），而是把一些粗糙的、不上釉色的，甚至连器型都不规整的陶质水壶用到了茶会上。这种陶壶产自近江国（今滋贺县）的信乐，这里有日本六大古窑之一的信乐窑，在平安时代就已烧制一种不上釉而素烧的土陶——须惠器。但是，这个窑场过去主要烧制的是农具、瓶、壶和折钵等日用杂器，工艺水平不高，成品外观也不讲究，具有浓浓的乡野风格。所以，当它被武野绍鸥引入茶道当中，从此步入茶器行列时，整个日本茶的理念就被改变了。

武野绍鸥留下了著名的茶碗——绍鸥天目。它产自日本爱知县濑户市内陆，其名源自中国宋代建窑的"天目茶碗"，也就是"建盏"。但是与建盏的精美相反的是，绍鸥天目单纯模仿了中国"天目茶碗"的外观形状，却并不太漂亮，甚至还有点寒酸，完全没有耀眼的视觉效果。

武野绍鸥不是不识"唐物"之美，作为有钱人（他在38岁那年继承了家里的皮革生意），他自己就拥有60余件"唐物"。其中有一个"松本茄子"茶入（专门用来存放茶粉的小罐子，是茶道必不可少的用具），是从师傅那里继承的村田珠光旧物，所以特别珍贵。后来，随着绍鸥离世，它被进献给织田信长和丰臣秀吉。再后来，这个茶入经历了战争、火烧和修复，一直流传到了今天，被收藏在东京静嘉堂文库美术馆里。但是，见惯了名物的绍鸥认为，日本的茶器具应该走一条自我发展的道路，不能完全照搬"中国风"。因为中国是地大物博、人才荟萃、资源丰富的大国，而日本只是个列岛小国，人口少，资源也匮乏，日本人要立足自己的基础，发展本土化的茶道：朴素、淡泊，材料易得而且方便实用。

中年以后的绍鸥，在京都营造了一个叫"大黑庵"的茶室。他彻底抛开了上流社会讲究装饰的传统：拆除茶室中的"台子"（用来摆放茶具），地板不刷漆，茶室的土坯墙完全露在外面，给人以强烈的"草庵"感。同时，还倡导使用各种简朴的铁质、竹质器具，让茶更接地气。比如过去只是在寺院作为烧水锅用的"阿弥陀堂釜"，被他发现并使用后就成了著名的茶具，还有竹藤的炭筐、竹制的吊钩、钓瓶（从井中打水用的吊桶）、水指（茶道中盛水的器皿）等等，都是他眼光独到的再创造。此外，绍鸥还有一项重大改革，就是在茶室的壁龛间张挂书写"和歌"（日本传统文艺形式，内容多描写恋爱）的定家色纸，而不是从前茶会规定应悬挂的中国名家书画，这让茶会生活化了许多，富有浓郁的市井气息，大大拓展了茶会可以触及的社会人群。

茶道中的水指

　　"茶事料理要素朴简单,不要将道具视为茶事的一切,不要贪图他人的名器,要节俭,尽量重复利用茶事中的消耗品,茶者要耐得住寂寞并享受寂寞。"这是绍鸥在公元1555年因病去世前,对弟子们的教导。那一年,他54岁,在京都几十年的生活,让他对人世间的种种因缘充满了感悟。他回想少年时的故乡堺市,那些满载的商船与盛装的商人，想起那些到处是金钱味道的茶会，不禁唏嘘自己已经改变的，以及还没有来得及改变的一切。

绍鸥把目光移向近旁的一个弟子，接着说："虽说六十定命，然壮年仅二十载，唯不断潜心茶道，方可擅长此道，如若缺乏恒心，必将不善此道。"弟子默默地点头。这是绍鸥在朋友北向道陈的介绍下所收的弟子田中与四郎，其家族因在堺市经营着一家规模颇大的鱼店，所以，又叫鱼屋与四郎。他虽是个富家子弟，但为人勤谨、有灵性，非常合绍鸥的心意。

粗犷质朴的
日本老铁壶

与四郎是19岁那年拜师的，与绍鸥正好相差20岁。这些话，绍鸥平时也对他说过，但只有在这一刻，身处在"得到"与"失去"之间的与四郎，才永远记住了师父"潜心茶道"的教诲——因为人的一生是如此短暂啊！后来，他改名"千与四郎"，再后来，他赫赫有名，成了茶道历史上的一面旗帜，也留下了永远的遗憾与谜团。

他，就是千利休。

🍶 千利休的茶汤倾翻在安土桃山

　　与四郎和他传奇的一生，深藏在千利休这个名字之下。

　　"茶是什么？侘又是什么？"他常常回想师父绍鸥的教导，也想着自己的经历：热衷于茶的豪商之子，先后向两位恩师求学，从上流社会的"茶寄合"到市井阶层的"草庵茶"，他目睹了茶这一物质在不同人群、不同空间、不同文化意识间的转换，感受到它的精神力量，从灰暗的时代中生出摇曳的花来，顽强地生长、孤独地盛放，直至在最美的那一刻凋落。"茶禅一味！"与四郎看着屋外渐浓的秋色，突然脱口而出这四个字。

　　这是公元1573年的事了。从"应仁·文明之乱"

开始的战国时代，已经持续了一百多年，但日本还处在各地割据的状态。在这一年，掀起风云的霸主是织田信长。他是来自尾张国（日本古代令制国之一，属东海道，其领域大致在今天爱知县的西部）、出身豪门的大名，以拥立室町幕府第十六代将军足利义昭为契机，登上了历史的舞台。而实际上，足利义昭只是一个傀儡，很快就因起兵反抗信长被流放，成了室町幕府的末代将军。从此以后的日本天下，名义上虽是幕府（被流放的足利义昭并未被剥夺征夷大将军的头衔），却先后落入织田信长和丰臣秀吉手中，开始了日本历史上的"安土桃山时代"。

也正是这一年，已经改名为"千宗易"（宗易是千利休的法号，"千"姓取自祖父田中千阿弥之名）的与四郎，在同为堺市茶人、也是同门师兄的今井宗久（武野绍鸥之婿）的引荐下，成了霸主织田信长的茶头（茶道侍从）。为什么是织田信长呢？在那个纷乱的时代，战国大名们一边热衷于打仗，一边又热衷于他们浮华的茶会，尤其是在京都和堺市这样茶事氛围浓厚的地方，能得到"名物茶器"是每个上层武士的光荣。

织田信长深知这一点，便以"狩猎天下一切名物"为目标，狂热收集各种名贵的茶器具，目的是推行"茶汤政治"，就是以茶事操控政坛，以茶器笼络人心：作为投靠自己的奖赏，织田信长只允许特定的家臣修习茶道，并鼓励他们立下战功，得到他恩赐的"名物"。这绝对是有气魄的大手笔，因为这些"名物"多是几百年来出自中国的茶道具，甚至是中国皇帝的御赐品，在当时的价值令人咋舌。同样地，为了"茶汤政治"，织田信长还要把天下知名的茶人收归麾下，所以，他在今井宗久之后，又找到了千宗易。

由于织田信长的权势，当时有许多人为了巴结他而费尽心机去搜罗各种稀奇的物品，但是千宗易只拿出一个普通的漆盒给他，并在漆盒里倒上了半盒水。正当织田信长不得其解时，只见天穹中的明月已升起，漆盒的水面上也倒映着这轮明月，它盈盈如水般漾动，与漆盒上原本的图案——远山、芦苇、飞鸟辉映在一起，成为一瞬间绝美的图景。一生只信奉武力的信长，被千宗易所感动，从此，他真的爱上了茶，走到哪里，都不忘以茶清心。

公元 16 世纪的日本长次郎制"尼寺"铭黑乐烧茶碗

不过，千宗易人生最重要的转折点来了：公元1582年，身经百战、眼看就要统一全日本的织田信长，突然遭遇了亲信明智光秀的反叛，这个对主君心怀不满的武将（明智光秀的反叛原因是日本历史上的一个谜，有人认为他是出于怨恨，有人认为是由于野心，还有人认为明智光秀的背后另有主谋，但后两种说法因为找不到直接具体的证据，所以在当代日本涉及织田信长的各种影视剧和文学作品中，人们多数采信的是第一种说法），袭击了织田信长暂时逗留的京都本能寺（信长正出兵远征安艺国的毛利氏政权）。一代霸主织田信长在包围中身受重伤，最后退入房间自焚而死，但是遗体没有被找到。他随身携带的一只价值连城的宋代天目茶碗也毁于这场大火。本能寺之变成为日本历史上最突然、最诡异的一次政变。

这场震惊了所有人的政变，却成全了另一个人的辉煌，他就是出身草根、没有背景的丰臣秀吉，不过那时候他的名字还叫羽柴秀吉。他本来正在率军讨伐毛利氏的路上，得到本能寺政变的消息，马上返回京都。毕竟多少人虎视眈眈，要争夺信长留下的基业，而他鞍前马后等了这么多年（从给织田家打杂的仆役开始，一步步赢得信长信任，晋升为武士），绝不能让天下归于别人！

丰臣秀吉在公元1585年掌控日本。那一年，他扫平群雄、完全接手了旧主织田信长的事业，也接手了信长的家臣与侍从，其中就有他久闻大名的千宗易。而"丰臣"这个姓氏，是朝廷（天皇）应秀吉的要求特别赐予的，目的是让已就任"关白"（日本古代官名，职能是辅佐天皇处理政务，地位相当于中国的丞相）的羽柴秀吉有一个光彩的身份。从此后，他就叫丰臣秀吉。

千利休这个名字，也是在这个时候登场的：当年十月，久已冷落的京都皇宫中，举办了盛大的茶会，由新任关白丰臣秀吉向当时的天皇献茶。为了向天下人彰显自己的富贵和权势，丰臣秀吉从堺市专门运来了他的黄金茶室：一个完全由黄金打造、面积在三叠大小（大约4.86平方米）、可以拆卸并重新组装的日式房间，里面还装饰了一套完全由纯金打造的茶具。这排场让许多人吃惊不已。主持这场活动的正是千宗易，但他因庶民的身份无法进宫，所以天皇御赐了他"利休居士"这个称号，其名蕴含"锐利也要适可而止"的禅意。这之后，千利休的大名便广播天下，几乎人尽皆知他是丰臣秀吉眼前的大红人、是"天下第一"的茶人。

从公元1582年到1591年的这九年，是千利休推行自己"侘茶道"的黄金岁月。他主持了名满天下的"北野大茶会"——公元1587年，丰臣秀吉征服九州岛凯旋，在京都北野天满宫举办规模空前的庆祝大茶会，现场有来自日本各地的五百多名茶人参加，展出了丰臣秀吉所拥有的众多顶级茶器，是日本历史上规模空前的茶道盛典。他完善了"侘茶"的理念和具体程式：首先改变上流社会追求昂贵"唐物"的风气，将日本工匠烧造的日本本土化的茶具奉上茶席——在他的要求下，京都陶匠长次郎烧制出一种通体黝黑、不采用传统拉坯法而是直接用手捏黏土成型的茶碗，称为"乐茶碗"（这种茶碗由长次郎家世代传承，一直烧造到了今天）。其于不规整的外形中所透露的"闲寂枯淡"之气，充满了禅意，而且非常实用——"乐茶碗"的碗底比较宽，方便茶师用茶笕点茶；它的碗壁又很厚，利于在四季分明且冬季较长的日本室内保温。

千利休设计的著名茶室"待庵"，就像农舍一样，室内墙壁全是黑漆漆还夹杂稻草的土墙，而且不设大门，把入口改得又低又小，人必须弯腰屈膝才能进入，这样不论达官贵人还是平民小卒，都一律进出平等了。而更大的突破在于，千利休把武野绍鸥主张的四叠半茶室再次缩小为两叠（约3.24平方米），这样一来，人们几乎没有任何距离和隐私，形成了心理上的紧张感，参加茶会的人不得不集中精神，心无杂念地用几个小时完成茶道流程。在这样的氛围下，茶会的主与客之间，真正做到了借由茶来印证心意。

千利休留下一本关于自己举行茶会的实录手册——《利休百会记》，里面详细记述了他从公元1590年8月到翌年闰1月间，举行各种茶会的过程。手册里记载，千利休常用的茶器具是云龙釜（装饰有云龙纹的铁壶）、濑户水器（有纹样的瓶子、水注等）、乐茶碗、竹茶杓（从茶罐取茶的用具）和用竹花筒插花的器具等，都是就地取材的日本本土器物，材质上杜绝华丽感，且与千利休特地选挂的壁龛间中日两国禅师的书法（《利休百会记》记载千利休极少挂画）融为和谐整体，形成"侘茶"的完整形态。

对于千利休这般源源不绝的创造力，许多人认为他是天才，他自己却说："须知茶道之本不过是烧水点茶。夏天如何使茶室凉爽，冬天如何使茶室温暖，炭要放得适当，利于烧水，茶要点得可口，这就是茶道的秘诀。"

由于他跟丰臣秀吉的关系密切（是可以过问政治动向的首席茶师），所以许多外地来的诸侯纷纷拜入他门下，成了千利休的茶道弟子，组成了一个以千利休为中心的上流交际圈。有人甚至扬言："公事找宰相大人（丰臣秀吉的胞弟丰臣秀长），其他事则找千利休！"这可不是一个好兆头，如果说天生贵胄的织田信长在茶道上笃信着千利休的眼光和审美，那么贫寒出身的丰臣秀吉对这位大茶人始终是将信将疑的，因为他的出身和经历决定了他绝不接受有人挑衅自己的权威。所以在丰臣秀吉看来，千利休对茶道的全方位改革，尤其是在茶道圈中所建立起的政界关系，隐含着对自己的不忠。

矛盾是多次积累的，但是最终到达了顶点。公元1591 年，就在千利休的好友、丰臣秀吉最信赖的弟弟丰臣秀长病故后不到两个月，京都就传开了小道消息：千利休运用其影响力和私财，在大德寺山门楼上立了自己的木像，这是让关白丰臣秀吉每次过山门就等同于从他胯下通过的意思（山门是丰臣秀吉进入大德寺的必经之路），是大不忠。

也有人说，千利休不断利用自己的"茶头"身份，高价出售新烧制的茶具（乐烧茶碗），而且用这些不值

16世纪出自朝鲜的大井户茶碗，作为名物茶器，藏于今日本东京国立博物馆

钱的新茶具交换中国产的古代名贵茶具，这是大不义，是招摇撞骗，是千利休躲在关白的背后发横财。

还有人说得更离谱：千利休正与德川家康暗中商讨毒杀丰臣秀吉之事（德川家康出身豪族，有过人的军事能力，是当时日本实力最强的大名），证据是《利休百会记》记载的最后一场茶会上，千利休只邀请了德川家康一个人开茶会。

谁也不知道散布消息的幕后之人是谁，又或许根本就没有幕后之人，只是丰臣秀吉多年的猜忌到了尽头，千利休不得不死。种种扑朔迷离的消息，只是造成了一个结果：公元1591年2月，千利休先是被丰臣秀吉流放，15天后又接到将他赐死的命令。在生命最后的时刻，千利休认真布置了一叠半的茶席，在丰臣秀吉派来见证他切腹的三位监察官的注视下，平静地喝下了最后一碗茶汤，然后切腹自尽。生命归于无边的侘寂。

　　京都城的聚乐第（丰臣秀吉的城郭兼宅邸，建成于1587年，废弃于1595年）里，此刻飨宴的欢声正炽，大名们纷纷盛赞关白大人的功业。谁也不会注意到那个修建了这里的书院和茶室的"天下第一茶人"已经悄然谢幕，也无从知晓这座华美灿烂的宅子，在历史上存在的时间只有短短的八年。"聚天下长生不老之乐"本是丰臣秀吉一生的心愿，但他一步步逼死了自己的近臣，甚至是亲外甥丰臣秀次（1592年，秀吉让关白一职于丰臣秀次，自任"太阁"；1595年，秀吉勒令被驱逐流放的秀次切腹自杀）。

他已经昏了头，不但发兵侵略朝鲜（从公元1592年开始），而且叫嚣"由日本天皇统治中国"，最终被明朝万历皇帝派遣的援军和朝鲜军队联手打败。在这场非正义的战争还没有完全结束时，丰臣秀吉已经离开了人世（公元1598年8月）。他一生都舍不得放手的黄金与权力，以及一辈子都在追求的豪华气派，都成了历史的云烟。

安土桃山时代的风流似乎寂灭了，但是，就在越来越近的地方，那乘着樱花烂漫的春风而来的，又是谁的茶烟？

🏆 一场从富丽走向萧然的茶会

在日本安土桃山时代开始的时候，它一直学习的中国正处于明神宗朱翊钧统治时期。这位年号万历的大明皇帝，在位时间一共48年，是明朝历史上在位时间最长的皇帝。

在万历一朝，随着欧洲资本主义经济的萌芽和商品经济的发展，西方国家"地理大发现"的浪潮正如火如荼，对遥远的东方，他们始终觉得，那里有无限的市场。而早在郑和下西洋的年代，葡萄牙人就与中国人在马六甲进行贸易了，那些来自广东和福建的商人，有时会邀请他们的合作对象共进晚餐。根据葡萄牙人的观察："中国人吃得很多，但饮酒不多，菜肴放了许多香料和大蒜，他们用叉子吃饭"；晚餐的食物则有"鸡、烧猪肉、用蜂蜜和糖制作的糕点、许多水果，他们使用银制的勺子，用瓷器盛白色的酒。"（一位西方无名作者所著的《发现志》，记录了亲历船员的回忆）他们对瓷器非常敏感，因为它们回欧洲后可以卖得高价。

到了16世纪的下半叶，中国的江南地区（主要指江南六府，包括苏州、松江、常州、杭州、嘉兴和湖州）出现资本主义萌芽，在杭州、苏州、江西的景德镇等地，生产丝绸、棉帛、瓷器、糖、茶等产品的作坊和窑场越来越多，市场空前繁荣。而过去只做转手买卖的商人，成长为自产自销自建渠道的资本家，城市的地缘在扩大，城市的商品经济格局加深。

在明朝的旧都南京，这里"里城门十三，外城门十八，穿城四十里，沿城一转足有一百二十多里。城里几十条大街，几百条小巷，都是人烟凑集，金粉楼台。"（吴敬梓《儒林外史》）这里每一个行业都有铺户（开设店铺、经营商业和手工业的人户）数十个，甚至上百个，大多经营的是外地输入的商品，还有各种各样的市

明代《南都繁会图》所描绘的南京商业市容

民日用品。除了白天的商店和市场，晚上也有"夜市"，又称为"灯市""鬼市"，摊贩们整晚不歇地经营，使得大街上灯火通明像白天一样，其中最忙的是"质肆（当铺）和杂货食物肆"。这就显而易见，繁荣的城市商业极大地刺激了人们的消费欲望，人们敢超前消费，对吃喝穿用的讲究也非同一般。

苏州则是当时最大的江南城市，人口多，每年上交的粮食和赋税也多。明代大学者王士祯称其为"天下第一富郡"，并与全国其他大城市相比较，认为苏州是"繁而不华汉川口，华而不繁广陵阜，人间都会最繁华，除是京师吴下有"。这虽然有些夸张，却能被印证，因为在万历十年（公元1582年）被派往中国传教的意大利传教士利玛窦，这样形容苏州的繁荣："经由澳门的大量葡萄牙商品以及其他国家的商品，都经过这个河港，商人一年到头和国内其他贸易中心在这里进行大量贸易，于是在这个市场上样样东西就没有买不到的。"（《利玛窦中国札记》）精通中国文化风俗的利玛窦后来还将《四书》译成拉丁文，介绍给了欧洲。

与苏州情况相仿的是杭州。城市里市民消费的氛围浓厚，加之自然风光优美，人们陶醉在山水中结伴游玩、吟诗品茶、赏花弄月，出现了古代少有的闲逸消费，甚至连到寺院烧香礼佛的时间段（每年农历二月初至五月初五端午期间的农闲季节），也能形成一个个专业市场。因为这里集中体现了江南文化中的佛教崇拜，俗世中人对现世安稳和来生怀有向往，他们往往在年初即由各村镇香头（牵头组织香会的人）组织，"于元旦日发帖邀人，至二三月间成群结党，男女混杂，雇坐船只，出门烧香"。

绍兴人张岱后来在《陶庵梦忆》一书中记载了西湖香市的时间、对象和繁华的程度："西湖香市，起于花朝，尽于端午。山东进香普陀者日至，嘉湖进香天竺者日至，至则与湖之人市焉，故曰香市。……岸无留船，寓无留客，肆无留酿。……香客……如逃如逐，如奔如追，撩扑不开，牵挽不住。数百十万男男女女、老老少少，日簇拥于寺之前后左右者，凡四阅月方罢。恐大江以东，断无此二地矣。"

张岱前前后后在杭州生活了几十年，比在故乡绍兴的时间长得多。作为官宦公子的他，前半生的生活是富足的，除了读书，就是不停地玩乐。"少为纨绔子弟，极爱繁华，好精舍，好美婢，好娈童，好鲜衣，好美食，好骏马，好华灯，好烟火，好梨园，好鼓吹，好古董，好花鸟，兼以茶淫橘虐，书蠹诗魔，劳碌半生，皆成梦幻。"（张岱《自为墓志铭》）在晚明的社会风气里，一个人要爱玩会玩，才算得上流，而若能精于茶事，那更是上流人的焦点。

张岱认为紫砂壶是宜茶的器具

张岱正是这样一个人。据说，对来自国内各地的名茶，他只要用鼻子闻一闻，再入口尝一尝，就知其茶种。他还在绍兴产的土茶"日铸茶"的基础上创新了一个新型茶叶品种"兰雪茶"，风靡茶室，许多追求流行的消费者到后来"不食松萝，只食兰雪"，逼得正牌的安徽松萝茶也要放下身段，反而以"兰雪"来称呼自己。

晚明像张岱这样的茶人不少，他们有一个统一的称谓叫"名士"。在名士们看来，饮茶之事除了茶叶本身以外，品茶的器具装备、环境空间、人群构成以及审美氛围的营造，都十分关键。当然他们注意的这些，都与茶叶生产制作方式的变化分不开。

明代从朱元璋罢废团茶以后，就开始喝散茶了。所以唐宋茶道里要用到的茶器，比如茶碾、茶磨、茶罗、茶筅、茶勺、茶盏等，都因为散茶已经变成直接用沸水冲泡而退出了现实生活。而冲泡法对茶叶的采摘要求较高，所以茶"不必太细，细则芽初萌而味欠足；不必太青，青则茶已老而味欠嫩。须在谷雨前后，觅成梗带叶微绿色，而团且厚者为上。更须天色晴明，采之方妙"。（明代屠隆《茶说·采茶》）

老蓮洪綬畫於多薔書屋

张岱好友、大画家陈洪绶所绘的反映明代文人生活的《品茶图》

从制茶技术来说，由于"炒青"制茶法已经取代"蒸青"成为主流技术，所以欣赏茶叶逐渐冲泡开来时的香气和形态就变得重要了，使茶在品饮过程中保持"色泽如翡翠"般的美感，是名士们的追求。更加注重情调风格的高手，还会制作花茶，如"木樨、茉莉、玫瑰、蔷薇、兰蕙、橘花、栀子、木香、梅花皆可作茶"。制作的方法是"诸花开时，摘其半含半放蕊之香气全者，量其茶叶多少，摘花为茶"，其投放比例是"三停茶叶一停花始称"，因为"花多则太香而脱茶韵，花少则不香而不尽美"。（钱椿年、顾元庆《茶谱》）这与现代花茶的制作理念完全一致。

　　泡茶的器具也很重要。因为品茶时，要欣赏茶叶的形态，还要讲究茶味的舒展，所以泡茶的壶杯以纯色素净的瓷器或紫砂器皿为宜。明朝茶学者许次纾说："茶瓯古取建窑兔毛花者，亦斗碾茶用之宜耳。其在今日，纯白为佳，兼贵于小，定窑最贵。"茶壶则主张小，因为"小则香气氲氲，大则易于散漫。大约及半升，是为适可。独自斟酌，愈小愈佳。"同样对茶具有研究的张岱，极钟情于紫砂壶，他在《陶庵梦忆·砂罐锡注》中说道："夫砂罐，砂也；锡注，锡也。器方脱手，而一罐一注价五六金……"他认为紫砂壶是最适用于名士的茶器，但是一个小小的壶竟然卖出五六两银子，这价格未免偏高。

无论瓷杯也好，紫砂壶也罢，名士们对盛茶器具的要求都是要"小"。首先，名士们喝茶不是因为渴，而是追求那一种社交氛围，所以不可能喝得快。茶要保证冲泡好了倒杯子里，几个人喝完都还不失茶香，那只有用"小"器刚刚好，如果茶器一大，人们喝的速度却跟不上，茶就变味了，会影响整个茶会的格调。其次喝茶本身是有格调的事情，名士的茶室又不是大众的茶馆，要有清幽的氛围，每次坐的人少一点为好，最好三两个人聊聊天，自斟自饮也要得，这样小壶、小杯就最合适不过了。

那什么样的茶室环境算清幽呢？"净几明窗，一轴画，一囊琴，一只鹤，一瓯茶，一炉香，一部法帖；小园幽径，几丛花，几群鸟，几区亭，几拳石，几池水，几片闲云。"这是陆绍珩在《小窗幽记》（《小窗幽记》的作者有两种说法：一说是明代陈继儒著，一说是明代陆绍珩著）中的表达，他比张岱的年纪要大一些，但他们都与松江名士陈眉公（名继儒）交好，陈眉公更是曾亲切地称张岱为"小友"。而这位"小友"从小就表现出了过人的鉴赏能力，用今天的话来说就是"生活美学艺术家"。他吃的、喝的、用的，无一不是最有代表性的好东西，因为当时的社会就是"人情以放荡为快，世风以侈靡相高"（明代张瀚《松窗梦语》），是一个极度物欲化的社会。

这样的奢靡背后是什么呢？对外，明朝执行海禁政策的时间很长，直到16世纪后期，中国才又回到世界贸易的体系中，但已经错失了大航海时代的红利，让欧洲国家以殖民主义和自由贸易主义做抓手，快速发展并奠定了超越亚洲的经济基础。对内，明朝的"宦官政治"和"党争"都非常严重，使得本该承担社会责任的知识分子们情绪消极。各名士纷纷退居乡里，以过于精致的生活，来作为最后的不妥协。

张岱一生都没有功名，即使文章写得非常好、艺术素养非常高，也始终游离在社会边缘，不受当朝重视。而那个时代，像他这样的"名士"还很不少，他们心怀戚戚，从茶道开始，开创了一种"清寂"的美学风气，这种风气甚至影响到了佛教。比如明代的茶书出版空前繁荣（仅万历年间出的茶书就超过明代茶书的一半），很多是由僧人直接或者参与编写的。而名士出身的居士们，每天"有焚香，煮茗，习静，寻僧，奉佛，参禅，说法，做佛事"等清课（明代乐纯《雪庵清史》），这足见"茶禅一味"之说，至少在晚明社会已经成了日常。

公元1654年的秋天，张岱重游西湖。晚年的他站在断桥旁，感慨旧时如梦般的一场场茶会，从富丽走向了萧然。而这时的大明已经灭亡，他在战乱中散尽家财，却拒绝了清廷的出仕邀请，选择披发入山，做了明朝的遗民，并撰写后来有名的《西湖梦寻》和《陶庵梦忆》。在他的妙笔下，晚明因社会背景而深蕴禅意的名士茶道，变得鲜活且精彩，凝成一个旧时代的见证，也将成为一个新时代的滥觞。他并不知道，这些由最繁华的朝代所产出的物质成果和精神成果，将由一双新的手掌，推向大海的那一头。

那不是故梦，是新生。

▼ 从中国传来了普茶料理

　　张岱重新站上断桥的那一年，是公元1654年，也是清顺治十一年。那正是中国自然历史上的小冰河时期（大致从万历四十八年也就是1620年开始，至康熙五十九年即1720年结束），气候整体偏寒，中国大地上几乎年年有灾。

　　而在经历了明末清初的战乱后，原本如人间天堂般繁华的苏州、杭州以及因海上贸易而兴盛的福州等城市，变得满目疮痍、民不聊生。此外，在清军入关后，像张岱一样不肯剃发而要追随明朝的士人，有一些举起了反清复明的大旗，但是抗争失败，许多人被迫流亡海外。他们成为大明的遗民，也成为海外商埠的开拓者。

据历史资料显示，当时的日本长崎，总人口只有八万左右，其中却有三分之一来自中国。他们的身份大多为福建、广东一带的乡绅贵族，以及因海上贸易富甲东南的豪商。他们带去了中国的各种文化习俗，也带去了精致的生活方式。

可再繁华，终究是客途秋恨的不得已。离乡的人需要信仰，更需要从故国传来的禅音，以缓解自己内心的忧愤。在这种呼唤和号召下，在公元1654年的一个春日里，来自福建的高僧隐元禅师出发了，他应邀率座下三十位知名弟子，从厦门启航赴日本长崎，从此再未回国。而邀请隐元去日本的大多是抗清人士，他们在南明政权（明朝崇祯帝殉国后，由明朝宗室在南方建立的一系列政权的总称）还存在时，就皈依到隐元门下成了居士。另外，长崎兴福寺的住持逸然法师、隐元的弟子因缘和尚等，也数次向他发出邀请。所以，隐元的到来在小小的长崎掀起了一阵中国热。

隐元禅师的年纪已经不小了。东渡时，他63岁，在中国本是禅宗临济宗第三十二世传人，并且自明朝崇祯十年（公元1637年）开始，他已经在福建福清的黄檗山万福寺任住持，是远近闻名的高僧。在他的影响下，地处南方小城的万福寺，寺内僧众一度从300多人发展到1700多人，成为中国东南的佛教名刹。而在南明政权还存在的时候，福清的黄檗山就常有抗清人士聚集，听着他们的讨论，隐元禅师对家国的命运十分担心，对禅宗信徒们的漂泊生活，他也高度关注。

17世纪中期，当中国大地上发生了改朝换代的大事时，隔海相望的日本已经在江户幕府的统治下，进入了稳定发展期。而江户幕府的开创者，正是当年那位因与千利休对饮而招致流言的豪杰——德川家康。他在织田信长和丰臣秀吉的基础上，于公元1603年，彻底完成了日本统一，巩固了封建统治的各方面基础（全国由幕府将军统治，定都在江户也就是现在的东京），让日本在经历战国时代后，终于迎来了一个休养生息的时期。

江户幕府对当时西方传来的宗教很敏感，他们觉得西方传教士随着其国家的贸易商船进入日本后，所传播的信仰与幕府的统治相悖，所以从1633年起，江户幕府的第三代将军德川家光多次发布了"锁国令"，史称"宽永锁国"（"宽永"是日本后水尾天皇、明正天皇、后光明天皇三位天皇的年号，时间是从1624年到1643年）。幕府的要求是：严禁日本人与大部分外国进行贸易，把外国商人和传教士驱逐出境，只许同中国、朝鲜、荷兰等国通商，而且通商地点仅限于长崎一地。

对中国传来的儒学和佛教，幕府是大力支持的，因为将军们希望在中国根深蒂固的"忠孝"君主的思想，能够成为幕府武士和贵族们的共识，所以，幕府官方将儒家的"朱子学"奉为"官学"，对中国来的著名高僧也是礼遇有加，这让隐元禅师的弘法之旅在日本达到新的高度。江户幕府的第四代将军德川家纲，后来还亲自召见隐元，并发出了要为他创立新寺的旨意。

于是乎，公元1661年的春天，已经七十岁高龄的隐元，在幕府的支持下，进入日本佛教势力最集中的地区——京都。他得到了一块寺地（寺地由幕府赐予，本是后水尾天皇生母的别墅），在宇治开辟了新寺，其建筑式样仍依照中国明朝的风格，并命名为黄檗山万福禅寺，表示永远牢记它的祖庭是在中国福建的黄檗山万福

明朝的散茶炒制和饮用方法带到了日本，形成了煎茶道

（图为中国茶艺师泡茶）

禅寺。建寺的资金来自方方面面，但主要是幕府的支持，比如德川家纲本人就寄赠白银两万两用以建大雄宝殿，高官们见此纷纷解囊，连天皇也加入了捐赠行列。自此后，日本禅宗又添了新的宗派，临济宗、曹洞宗和黄檗宗并举，形成了日本禅宗的三大流派，隐元成为黄檗宗的开山祖师。

　　得到官方的支持，一切都往好的方向发展。繁盛风流的大明虽已成往昔，可是它留下的生活方式萌发了新芽。隐元禅师在将黄檗宗传到日本的同时，也一并将明朝的散茶炒制和饮用方法带到了日本。后来，为了区别在唐宋时期传入的传统末茶，日本学界把这时候新兴起的散茶定名为煎茶（冲泡式），京都万福寺就成了日本煎茶道文化的发源地。

由于中国人历来的进食方式和日本人不一样，隐元禅师东渡后和他的中国弟子们，遵循的仍然是四人一桌的合餐制（菜放桌面上的几个大碗中由各人取食）。他们坐的是中国式的桌椅，吃的是中国式的素斋（主要是中国南方口味），这与日本寺院中的僧人分食到案（食案）、席地而坐大相径庭，开创了一种新的饮食风格，到后来被称为"黄檗料理"，或者叫"普茶料理"（"普茶料理"一词在日语中的发音，与福建方言的"福清料理"一致）。

这种"普茶料理"后来成为日本寺院"精进料理"的一个分支，但较之原有的"精进料理"，它的食物内容和口味要更丰富和多样化，更注重选用时令的新鲜食材，烹饪时用油较多，更符合俗世中人的口味，所以渐渐流传到社会上，深受大众欢迎。为此，万福寺不得不在寺院门外开出了一家素斋馆，名为"白云庵"，常年供应具有中国风味的"普茶料理"，如胡麻豆腐、杂烩菜、油炸馒头、油炸素菜等。再发展到后来，这种"普茶料理"的声势越发壮大，除了京都以外，在日本其他城市的黄檗宗寺庙里也会见到它的身影。关于"普茶料理"的食物内容，在民间还有一个说法，就是在日本如今常见的西瓜、茄子、莲藕、扁豆等，其实都是通过隐元禅师传入日本的，比如日本人常常吃的一种长扁豆，就称为"隐元豆角"。

胡麻豆腐是普茶料理的经典菜式

受隐元禅师影响的后世弟子当中，后来出了个僧人叫月海，他把煎茶道推到了一个新的高度。他的做法倒也有意思——先出家、后还俗，吃过万福寺的茶后一直念念不忘，到60岁时在京都东山设了个名为"通仙亭"的小茶店，自己备茶具在大路上卖茶，但是卖多卖少随意、能不能卖随缘。他还在店招上写了一首诗："百两不嫌多，半文不嫌少。白喝也可以，只是不倒找。"这就非常具有禅宗的思想特点。他把卖茶视为一种修行，对自己放弃了高级僧侣的身份毫不在意，只是调侃道："老来安分，为卖茶翁。乞钱博饭，乐在其中。煮通天涧，鬻渡月花。"在月海笔下，茶汤叫"仙液"，茶客称"仙客"，自己卖茶挑的担子更是命名为"仙窠"，可以说相当狂放。

月海和尚后来人称"卖茶翁"，在茶道上非常有名。他写下一本叫《梅山种茶谱略》的茶书，里面介绍了茶从中国到日本的流传史，讲了神农、陆羽、卢仝等中国人熟悉、日本大众却不了解的茶道人物，既说了务实的种茶、制茶技术，也表达了形而上的茶文化思想，风靡了日本茶文化圈。他极力主张茶道要从当时讲求各种繁复仪式的茶事中抽离，要保持简约的茶风、回归到茶的本味，展现日常生活里的平常心，或者说就是他认为的"禅心"。

由于"卖茶翁"的好茶和与众不同的作风，不过几年工夫，他就出名了。很多人为了收集他用过的茶具，甚至竞开高价。但是这个古怪的老茶翁不为利益所动，不见这些人，他的生活还是"可怜只影孤贫客，卖却煎茶充饭钱"，过得相当贫苦。就在月海老得卖不了茶的那一年（81岁），他挑出自己最心爱的四件茶器，送给生平好友，而其他全部烧了个精光，闻讯赶来的收购者为此大为顿足。

月海到底有过什么样的茶器呢？在日本早稻田大学图书馆里有一本19世纪出版的《卖茶翁茶器图》，书中以彩绘木刻的方式，模画出了卖茶翁在世时用过的茶具，共计33件。其中有炉龛（放置炉子的小阁子）、急烧（又称急须，煮茶暖酒的器皿）、子母钟（成套的茶杯）、茶罐（存放茶叶的罐子）、水注（注水壶）、建水（盛放废茶水的器皿）、具列（用以陈列茶器，现常称为茶棚）等，对后世之人研究日本煎茶道的早年发展有重要意义。

现如今在日本已经成立了"全日本煎茶道联盟"
（成立于1928年），有38个流派（小川流、花月庵流、
黄檗掬泉流、黄檗东本流、黄檗松风流、黄檗卖茶流、
小笠原流等）参加，总部就设在京都万福寺。从1955
年开始，每年的五月，万福寺内都会举办"全国煎茶道
大会"。茶道行家们"以茶会友"，分别在寺院的本堂、
法堂、方丈、禅堂书院、松隐堂、伍云居等不同位置摆
设茶席，分两天进行展演，并对社会大众开放，吸引互
动和参与。这让深具禅意与美感的茶文化活动，即使在
高度现代化、信息化的今天，仍保有无数拥趸。

从中国渡海而去的隐元禅师，在异国所播的"禅
茶"之种，已经全面开花、硕果累累，大明风华在经历
了几百年的他乡变幻后，也依旧笑看人间。

要怀石料理还是会席料理

"怀石料理"一词出现的具体时间，已经不太可考了，但它与佛教以及茶道的密切关系，却是毋庸置疑的。一个默认的说法是——很早以前，日本禅寺中的修行僧，遵循的是过午不食的规矩，但是毕恭毕敬地坐禅是一件需要体力支撑的事。僧侣们到了深夜，实在饥饿难耐，这时他们就把一块经过温热的石头抱在怀中，以抵抗阵阵袭来的饥饿感。于是乎，"怀石"这个词便在日本诞生了。到后来，寺院的规矩变得人性化了一点，允许修行僧在体力不支时进食一些简单的食物，而这类食物的范围又渐渐扩大，最后就被称为"怀石料理"。

"怀石料理"的基础是"精进料理"，是比较严格的禅宗饮食。它是僧侣们的修行行为在日常饮食方面的体现，目的是时刻提醒修行人做到清心寡欲且虔诚于佛理。这样一来，它就必须是滋味淡薄的素食，而且在烹饪的过程中，还要少用刺激性的调料，尽可能地保持食物原味。我们曾经在本书的第二篇文章中说到道元禅师和他创立的永平寺，那里时至今日还遵循着十分严格的生活制度，在衣、食、住、行的各个方面，贯彻"禅"的精神，尤其是饮食，不仅素净，还要做到零浪费和无污染。

中国有没有"精进料理"呢？答案是肯定的，只是在中国，它叫"斋饭"，也就是素食，这个词要口语化得多。而且在中国人看来，不但寺院中的"出家人"必须"吃斋念佛"，对佛教虔诚的善男信女也最好秉持素食的原则，因为这样就能"不杀生"，体现佛教慈悲为怀的精神。

对中国的文人士大夫来说，吃斋则是因为"肉食者鄙"。为了体现自己的淡泊之志，人们把素斋发展成了一种菜系，讲究的是素菜荤做，即用荤菜的烹调手法烧制各种素的原材料，但要仿制出荤菜的造型和口味，让人赞叹。根据北宋遗民孟元老在《东京梦华录》中的记载，从北宋年间开始，像汴京这样的大城市里已经出现了许多专营素食素菜的店铺，品种多达上百，如"假鼋鱼""假河豚""假蛤蜊""假野狐"等，可见其深受欢迎。而到了明清两朝，中国的素食业已经百花齐放、颇具规模，形成了一种产业。对此，在前文中出现过的明末大名士陈继儒归纳道："醉浓饱鲜，昏人神志。若蔬食菜羹，则肠胃清虚，无滓无秽，是俭可以养神也。"（《读书镜》）这是一种知识分子的解读，却很有代表性。

再回来看日本。我们说到"怀石料理"其实是从精进料理发展而来的，但它更著名的一面还是"茶怀石"。怎么理解呢？我们熟知的"茶道"（抹茶道）在日本的形成，其实经过了一个较长的时期，到大名鼎鼎的千利休手里，才算是正式确立了，只不过当时还叫"侘茶"。为了区别于那些争奇斗艳、讲究豪奢的贵族武士们举办的茶会，像千利休这样真正的茶人，他们举办的茶会是素朴而简单的：小小的茶室里只有几个人，进行完严谨的茶礼后，抹茶端了上来，同时端上来的还有一些小点心或者菜。它们叫"茶会料理"，当时的地位还远没有茶那么重要。

后来的"怀石料理"进入了专业化的餐饮场所，演变出糅合了多种元素的"会席料理"

日本味增汤，味噌（日本豆酱）是千利休在茶会料理中常用的
食物

在千利休留下的《利休百会记》里，记载了他举行过的各种茶会。在这些茶会上，因为宾客的不同，茶会料理的点心菜式也是不同的，但基本的形式是"一汤三菜"。比如公元1590年也就是千利休被迫自杀的前一年，一个九月的上午，他和与自己性情十分相投的高徒古田织部在一起举行了茶会。他用来招待这位徒弟的是这样一份菜谱：烤鲑鱼、小鸟汤、放入柚子的味噌（豆酱）、米饭、鱼鲙，还有果子两品（烤麸和栗子）。

这在中国人看来，着实简单了些，特别是将豆酱这类食物也算作一个菜，用来招待客人，更是不大好理解。但是在食材一直比较珍贵的古代日本，这样的茶会料理正体现了主人的品格和用心：他把对自然万物的景仰包含进每一次的茶事活动中，以不喧宾夺主的方式，让茶与周围的气氛、环境、季节以及人群契合。这正是"茶禅一味"追求的那个"味"。

安土桃山时代结束后，就是江户时代。这是个前所未有的稳定时期，日本各地的茶道也在继续发展。在当时的福冈藩（日本江户时代的藩属领地，藩厅位于福冈城）博多（当时的博多港），出现了一个叫立花实山的茶人，他本身也是一个武士。他拿出了一本叫《南方录》的茶书，据说原作者是千利休的弟子南坊宗启，而他则是在公元1686年抄录到全书七卷之中的《觉书》《会》《棚》《书院》和《台子》五卷，并在四年后出版。在这本书里，立花实山首次将千利休的"茶会料理"称为"茶怀石"，所以再后来"怀石料理"一词就因千利休的大名而流传，成为日本茶文化的一种象征。

那么，"怀石料理"是不是只有简素侘寂这一种风格呢？答案是否定的。因为在生产力和商品经济大步发展的江户时代，不仅只有雅士们奉茶，知书达理的皇族、附庸风雅的武士、富裕起来的商人，他们生活精致，更是热衷于举办各种名目的茶会。但是在他们的茶事活动中，谈笑皆贵人、往来无白丁，如果饮食太简朴就会与环境不符。这样一来，料理的内容越来越繁复精细，最后超过了茶，成为茶会的主角，甚至衍生出了各种各样的料理书（教人做菜的烹饪图书）。

17世纪末出版的《茶汤献立指南》里，非常具体地记载了当时上层武士社会中的许多大名是如何举办茶事活动的。比如某位贵人在 10 月的一个早晨举行了茶会，菜单里的汤是鲈鱼肠与纳豆做的，烤制食品有鲷鱼和雁，煮制食品则是在碎豆腐中加腌鱼子、黑海带加花椒，这是当时非常奢侈的一餐。不信吗？我们去江户时代看看：在日本居于万万人之上的统治者——幕府将军，他的一餐是平民想也不敢想的，但是，他即使每天早上都必须吃鱼，也只有在每个月的初一、十五、二十八这几天改食鲷鱼和比目鱼的头尾，其他日子里吃的是鳝鱼（做法有盐烧或者酱烧两种）。

因为鲷鱼是各地大名向将军进献的贡品（在日文中含有"庆祝凯旋"的意思，被视为吉鱼），当时的产量不足，运输要保证鲜活也是个难题，所以价格昂贵——一条不过三尺长的鲷鱼，商人要价 300 两，而且按照当时的习惯，进贡时必须是三尾一组，地位越高的大名进献贡品要越多，这对他们的财政是个严峻的考验。而对于一个当时年收入不过几两几十两的城市平民（下层武士 24 两、书匠 5 两、染匠 8 两、理发师 10 两、面点师 10 两、木雕师傅 15 两、木匠是 31 两 3 分）家庭来说，这是绝对不会有的消费。

贵族社会的"茶怀石"和茶人要求的"茶怀石"，为什么会有这么大的区别？因为贵族们的茶会饮食起源于规矩烦琐、内容豪华的"本膳料理"。本膳料理确立于室町时代，是一种由酒礼、飨宴和酒宴三部分组成，以本膳中的膳为中心，摆放三、五或是七膳（第一个托盘呈上的就叫第一膳，接着往下是二之膳、三之膳），有时还会是十膳以上的料理形式来设宴招待。在制定菜单时，菜肴根据膳数的不同会相应递增，从一汤三菜、二汤五菜、二汤七菜到三汤十一菜等等。它代表的是武士社会的礼数，确定的是君主臣属的位分，所以形式的意义常常大于内容，比如最基本的仪式"式三献"，要求在吃本膳之前，宾客按一定的顺序先喝三轮酒，酒过三巡之后开始吃正餐。膳吃完后还要喝酒，最奢华的宴会多达二十一献。这简直是吃饭比干活还累。

也正因如此的烦琐费力，本膳料理到后来渐渐成为只是出现在红白喜事、成年仪式及祭典宴会上的专门料理，象征社会的制度和法理。而在生活中，无论是武家贵族还是新富豪商，人们更愿接受经过菜品丰富化、调味精细化、内容多元化改造的怀石料理，从自己的内心出发，与亲朋好友共享茶会的时光。

到了江户时代的中后期，生活化的"怀石料理"模式已经基本确定了：首先端上来的是膳（一个食盘，摆着汤碗、饭碗和有几片刺身的小碟）、米饭和汤，以及一小碟下酒菜和酒，人们斟酒三次，谓之"一献"；然后上烤制后的鱼和飞禽，再斟酒三次，成为"二献"；最后把汤碗、饭碗都撤走，端一碗高级清汤上来，继续斟酒三次，完成"三献"。"三献"后，端上来酱菜和果子等食物，客人吃完后，到宅院中的茶庭休息一下，直到被邀请去茶室喝浓茶。这场茶会就算是完成了。

当然，看得出后来的"怀石料理"的核心仍然是"料理"而非"茶"，对"料理"的空间也有要求，但相比烦琐冗长的"本膳料理"，它又具备了相对简便且不重排场的特点，契合了千利休对茶道"闲寂"的高雅要求，所以它很快就成为主流。而且不仅仅是在私宅，"怀石料理"还进入了专业化的餐饮场所，演变出糅合了多种元素的"会席料理"，后成为日式宴席上所有料理的总称。其菜品数量一般为奇数，因为在日本的传统中，人们认为奇数比偶数更吉利。

"会席料理"的特点是特别重视从季节时令出发来选择搭配食物，但又像"怀石料理"一样，注重和追求食物的本味。所以，它是在多姿多彩的形式下，深藏侘寂的内核，是"禅"的精神在世俗社会的延续。这正是一个时代传来的叩问：当商品经济让人眼花缭乱，当生活有了越来越多的可能性，当文明经历了近代社会的洗礼，当人们不再只局限于自己的领地……茶道的边际，到底会走向何方呢?

第三章
盛世的茶道

03

那么在这样的喧嚣里，在热闹的市井中，本是茶道最中心的物质——茶，它又有什么样的故事和经历呢？

🏆 康乾的茶馆和江户的茶屋

东亚封建社会后期的两大文化圈，一个是在中国，另一个就是在日本。在17、18世纪里，当西方开始出现工业革命的萌芽时，这两个东方国家的社会文化和经济发展，达到了封建统治时代的最高潮。

在中国，经历了康熙、雍正、乾隆三代皇帝的"康乾盛世"，持续时间长达135年（公元1661—1796年），实现了改革最多、国力最强、经济最快发展、人口增长最多（中国历史上首次人口数破亿，并连破三亿）几大成就，成为中国封建王朝最后一个盛世。

在这一百多年里，清政府每年的赋税收入，从17世纪末的3200万两白银左右，渐增为18世纪中期的

4300多万两白银，而大清国库每年的储备均保持在6000多万两白银。按照清朝白银的购买力来换算，当时市场上一升好大米（等于现在的1.5斤）的价格在10—15文钱，一两银子等于1000文钱，能买100—150斤好大米。而皇亲国戚和公务员的工资是"亲王岁俸银一万两，郡王岁俸银五千两，贝勒岁俸银二千五百两，贝子岁俸银一千三百两。一品官员一百八十两，二品一百五十五两，三品一百三十两，四品百有五两，五品八十两，六品六十两，七品四十五两，八品四十两，正九品三十三两一钱，从九品三十一两五钱。"（《大清会典则例》记载）由此可见，即使是最基层的政府公务员，靠工资养家糊口也是没有问题的。

能吃到这份皇粮可不容易。在清代的北京城里，到乾隆末年时的总人口有74万人左右（《古代北京城市管理》记载），其中的八旗（皇室、八旗贵族、八旗官兵及内务府各衙署人员）都集中在内城，汉人（汉族官员、商贩、平民等）则一律迁到外城，因为清政府实行了"满汉分城居住"制度，让旗人和汉人在自己的居住范围内流动（主要是限制汉人的行动）。在内城，被优待的旗人的住房由朝廷分配，分配的依据则是其跟皇家的关系远近和官阶的大小，他们的粮食是经由大运河运来的南方稻米（即漕粮），而外城的汉人平时吃的大多是北方产的五谷杂粮，白花花的大米做主食，那是不常见的现象。

而这个时候，北京城的商业却大大发展了，因为权贵阶层和上流社会的人数激增，使得北京成了全国最大的消费型城市，集中了南来北往的客商，诞生了一大批影响深远的商号，其中不乏许多到现在都驰名的老字号，如六必居、王麻子、王致和、烤肉宛、同仁堂、都一处、天福号、内联升、便宜坊、全聚德、瑞蚨祥、荣宝斋等，经营范围涉及各个行业，尤以餐饮业的比重为最大，可见自古以来"民以食为天"的老话不虚。

"康乾盛世"里的北京茶馆，那是太红火了，不但数量多，种类也是应有尽有。以卖茶为主的叫"清茶馆"，环境雅致、景色清幽、茶叶质量好，所以消费相对较高，一般说正事和谈生意的人会选择这里；想喝茶又能顺便吃点东西的，去一种"荤铺式"的餐茶馆，既卖茶也卖点心和茶食，什么花生、栗子、春卷、烧卖、糖馒头等等，在这里熟人之间可以闲聊顺便垫个饥；想凑热闹消磨一天时光的，会在"大茶馆"（一般都有能容纳百来号人的空间）待着，点一次茶坐一天，听戏逗鸟斗蛐蛐，然后把北京城里的八卦聊个遍；而爱听故事的老茶客，他们去的地方叫"书茶馆"，早上卖茶，中午以后就只有听书的内容，所以相对安静；至于真正的底层大众，喝不喝茶的倒是其次，关键得找地方歇个脚，所以只能选择路边没有店面、只有简易板凳和粗糙茶碗的"野茶馆"喝口水，而这种露天茶摊的收费低廉、买卖红火，成为后来人尽皆知的北京"大碗茶"。

从以上种种的茶馆形式，可以看到当时中国社会的经济富足，市民阶层所占城市的人口比例高，而原本属于中上层社会的"茶道"，渗透进社会生活的最深处，成为普通人皆可按需选择的"茶文化""茶生活"，这是近代中国的消费文明之光。

18世纪的日本情形也大致相仿。由于国家长期的和平，城市尤其是幕府所在地的江户人口激增，在18世纪初就达到了100万人，这是历史上从未有过的规模。和中国有所不同的是，江户城里的这些人，劳动和不劳动的人员差不多各占一半。劳动者大部分是工匠、徒工、小商户和帮佣者，还有一些流动摊贩和搬运工，大概有50多万人（公元1693时约是35万人，到1731年增至约55万人）；而武士（将军、大名及其家臣）与其家仆也有50万人，这样一来，就构成了一个庞大的城市网络。

江户为什么集中了这么多的武士人口呢？要知道日本的封建社会有很多的藩，它们都占据各自的领地，各藩大名为什么不在自家的领地待着，而要客居江户呢？

江户时代浮世绘画师歌川广重笔下的江户商业中心日本桥

这就得说到江户幕府能取得这样的稳定局面的原因——由于吸取了战国时代的教训，江户幕府的统治者从开幕之时起，就采用了"参勤交代"的管理手段（到第三代将军德川家光时期才正式制度化），规定各藩的大名均必须前往江户，替幕府将军执行一段时间的政务，然后才能返回自己的领地理政。除了负责看管天皇和关西地区的幕府亲信外，其余的大名每年都要进行参勤交代。而一些重要的藩国大名，以及部分领地离江户不远的大名，更是被要求长期留守在江户。这样一来，日本的大名们始终有一半人在江户，处在被幕府监督的状态下，如此各地的武装势力就难以勾连，威胁不到统治者的地位。而且这些手握兵权的人，都带着自己的妻子儿女，他们绝对不敢轻举妄动。

一个城里有这么多的人，日常生活的需求怎么满足？这还要从江户城的格局说起。我们都知道，江户被幕府以政令定为日本的政治中心，所以它几乎是一个全新建造的城市。雄心勃勃的德川家康，大力发展本是边远小地方的江户。从公元1603年开始，江户城启动了其历史上规模最大的扩建工程——新建三百町（指人密集生活的地区，比"街"的范围要大一些）、挖掘护城河、架设日本桥，并向江户内海（今天的东京湾）填海建设了市街，同时还整治江户市区的河川水道，建设供水设施。在几百年前的社会，这是举国之力才能完成的事情，所以全国的大名都要出钱，钱不够的就得贡献建筑材料或者人工，以显示自己对幕府的忠心。

江户的商业区都在商人和手工业者聚居的町区。尤其以日本桥为中心，这里是当时全城最热闹的地方。什么鲜活鱼货、水果点心、衣服首饰、刀具厨锅、南北特产……只要人们想得到的东西，这里就没有不卖的。像现在仍知名的东京筑地市场的前身，是日本桥的鱼市场"渔河岸"；全日本第一家百货商场"三越百货"的前身，是三百多年的老字号和服店"越后屋"；还有创建于公元1690年、总店至今仍在日本桥的"山本山"，始终售卖来自日本各地的茗茶和美味海苔。

"参勤交代"制度刺激了江户的消费潜力：因为没有现代化的交通工具，所以每年都有大量贵族和他们的随从行游在路上，要花许多钱；而他们在江户城和自己的领地里，都置有豪宅和仆人，又是一笔花费；再加上江户的物价本比其他地方高，自己和家眷的日常吃用又是上等货，这样就花钱如流水，成就了江户的商业。再后来，豪商们作为"町人"中暴富起来的群体，他们花钱比贵族还要潇洒，让江户的繁华简直登峰造极。

权贵、阔佬以及中产市民们的吃喝是盘大生意。当时的江户人，赏花旅游以及去各地参拜寺院和神社的风气流行，而人们出门在外，要吃要喝要有地方休息。于是乎，通往寺院、神社的街道两边和寺院、神社的大门前，出现了让人临时歇脚、喝茶的"水茶屋"，还有一种"腰挂茶屋"，有简单的饭食供应。不管哪一种，一开始都只有可移动的炉灶茶具和几条板凳桌椅，日子长了以后，路边摊开始租赁房屋，建成既能吃便饭喝茶又可下榻的客栈；而寺院和神社门前这种更黄金地段的茶屋，发展成了比较高级的料理屋（饭馆），消费自然也高了一截。

对于钱不多的劳动人民，江户也有它丰富的包容性。从17世纪的后期开始，一种叫"奈良茶饭"的店铺出现在了浅草（见本书第三章中《那么，是茶泡饭啊》里的介绍，这是一种从奈良的寺院传播来的简餐）。

每个人只需花费5文钱，就能饱餐一顿。它是一种源自古都奈良的朴素饮食，做法是把各种各样的杂粮拌和倒入锅中，再加盐、高汤、酒和日本煎茶煮透，最后焖一会儿，吃起来既软糯，又很耐饥。据说奈良东大寺与兴福寺的僧侣们日常皆以此为主食，因为当时能顿顿吃得起白米饭的人还不多。而它的制作简便、成本不高，也符合寺院对精进料理的要求。进入江户以后，"奈良茶饭"受到了大批建筑工人的欢迎，成了真正的平民茶饭，也成为后来各类日式快餐的起源。

体现茶道精神的"怀石料理"出现的场所则是"料亭"（高级饭馆）。18世纪时，江户最出名的料亭有升屋、八百善、金波、二藤、田川屋和平清等。"升屋"因为是最早创立的，茶食和服务皆有保证，所以各地大蕃派驻在江户"留守居"（类似于中国各地的驻京办）的官派人员和腰缠万贯的大商人，多习惯在此宴客，因此它的别名叫"留守居茶屋"。"八百善"人称江户时代的料理天花板，从给寺院供菜起步，发展到为高级武士们定做堂食业务。它的一道茶水泡饭，据说当时要卖到一两二分银子，相当于今天的十几万日元、数千元人民

江户时代浮世绘画师铃木春信笔下的茶屋女招待

币的价格。按照店家的说法，这是用全江户最上等的水、全日本最高级的茶和米煮的"茶泡饭"，连配的酱菜都是反季节的蔬菜珍品，所以价格只是价值的体现而已。啧啧，真是太懂营销了。

"料亭"的消费很高，因为它的建筑样式都是讲究的"书院造"（"书院"一词来自中国，后来发展为日本贵族和中上层武士的普遍住宅样式），有高雅清静的茶室，茶室里有名家书画和名贵茶器，茶室外则有可以观赏风景的"茶庭"，从基础设施来说，成本就相当不菲。而且有能力和有资格出入"料亭"的都是达官贵人，他们来之前要预约，新客人还要由老顾客介绍才能登门，所以"料亭"的茶也好、食物也好，都得保证是最高级的水平。

那么，真正的日本茶道艺术，在江户时代究竟有哪些发展？形成了怎样的流派？有什么渊源？又出现了哪些人物和现象呢？

我们在下一节里说。

盛世中的茶道流

　　回到公元1591年的一个春夜，一位少年在清寒的夜色中走得踉跄。他内心的震惊与哀伤，竟无法用语言来形容，因为他深爱的祖父——茶道名匠千利休，已经被勒令自尽了。由于关白大人的震怒，千利休全家都受到了牵连：一切家产被没收，利休的长子道安和次子少庵，都从京都逃到了地方上躲起来，千家人颠沛流离，度过了一段凄惶的岁月。

　　这位14岁的少年，名字叫千宗旦，是利休次子少庵的长子，在成长的岁月里，他先是被寄养在大德寺，跟随住持春屋宗园禅师修行，之后由于深受祖父的影响，立志要做一个真正的茶人。千利休之死，让千宗旦对人生的无常有了更深刻的认识，他的所思所想，自此后深深渗入千家茶道的精神里，进而成为日本茶道的一面旗帜。

而在千利休死后不过四五年的时间里，关白丰臣秀吉就彻底衰老了，他失去了年轻时候那种冷静审慎的头脑，变得多疑昏庸，以至于身边再也没有可以信任的人了。在生命的最后时光里，孤独的丰臣秀吉把自己曾经没收的千家茶具，还给了年轻的千宗旦。暮色中，当高高在上的独裁者看着少年离去的身影时，心里曾有过怎样的波澜，后人已不得而知。只有千宗旦勤勉的一生，成为日本茶道中兴的缩影。

那正是宽永年间的时光：自江户幕府的开创者德川家康奠定了江户城的格局后，江户时代就以一种稳步发展的态势向前推进，到第三代将军德川家光继位时，幕府与朝廷的关系变得更紧密，因为德川家康的孙女、德川家光的妹妹德川和子，成为当时在位的后水尾天皇的中宫皇后。这是一场完全的政治联姻，幕府期望自家女儿能生下未来的天皇，而朝廷不得不接受，后水尾天皇甚至因此放逐了自己宠爱并已诞下子女的女官。

千宗旦指定十种茶道具领域的匠人，专门为相应的千家茶道制作
茶道具，图为京都的竹细工匠人家

宽永三年（公元1626年），德川秀忠和德川家光前往京都二条城，拜见了后水尾天皇和皇后和子，德川家光升为左大臣，总裁所有政务和宫中典礼等。这在日本朝廷中，相当于事实上的最高负责人。这时候天皇的生活无论于公于私，都被幕府紧紧捆绑了，但朝廷还是财政困难。为了纾解困难，后水尾天皇动用了自己仅剩的几项实权之一——针对佛教的"紫衣敕许"（当时日本僧侣只有被天皇授予穿"紫衣"的资格才是高僧），特别授予数十位高僧穿"紫衣"的资格。可是在这件事上，他并未事先征得幕府的同意，这让德川家光极为不满。于是，幕府毫不留情地宣布天皇私授的紫衣无效，还将被天皇私授紫衣的高僧们全部流放，让天皇颜面扫地。

　　对政治彻底失去热情的后水尾天皇，从此沉迷于文化的世界里。他在宫中组织各种盛大的和歌、连歌、和汉连句、闻香、插花及茶会活动，带动了整个社会的风气趋向优雅。到了宽永六年（公元1629年）时，他更索性将天皇的位置传给了由德川和子所生、年仅7岁的女儿兴子内亲王，是为明正天皇。后水尾天皇自己则和皇后和子一同出家，成为"后水尾院"和"东福门院"，在由幕府准备的御所里，过起自由而风雅的生活。

在朝廷的带动下，从宽永年间开始，日本的茶文化再次走向高潮——华丽精致的"大名茶道"和侘寂素雅的"千家茶道"共同发展，成为一种文化现象。"大名茶道"的代表人物有小堀远州和片桐石州，二人分别开创了茶道"远州流"和"石州流"；而"千家茶道"的当家人正是千宗旦。

小堀远州是千利休最出名的弟子——古田织部的学生，在茶道和造园艺术上，都堪称天才，有极高的艺术品位。由他所设计的京都桂离宫庭园，至今被称为日本庭园艺术的最高代表。此外，还有京都御所、仙洞御所以及名古屋城和二条城等建筑的造园，都融入了他的心血。在茶道艺术上，小堀远州在千利休和古田织部两者间做了均衡，他将武家争霸时代的那种过于豪华绚丽的茶事加以改良，使其更接近千利休所追求的素朴境界，但同时又切合贵族社会的日常生活需要，成为"华丽又素朴"的大名茶道的典型代表。

举例说来，他就曾经在狭小的茶室（三叠大小的侘茶屋）中，加装了书院风格的推拉门和横木板条，还增加了采光隔窗，使空间的光线变得明亮，这样既不失千利休对茶事境界的要求，又让主宾所处的环境变得更美观和舒适，让茶事本身成为一种清趣。

在古田织部故去后，小堀远州继任了德川将军家的茶道老师，先后侍奉了德川秀忠和德川家光两代将军，成为当时日本的第一茶人。根据后人统计，他的一生共举办了400余次茶会，招待过1600多人，其宾客上至将军德川家光和全国的大名、公卿，下至普通的市民百姓，可谓交游广阔。人们因为倾慕远州的艺术家风采，不惜从各地前来观其点茶，并以聆听远州的教诲为荣，因此日本茶道中的远州流始终不乏拥趸，并且一直延续至今。

片桐石州则是江户幕府的四代将军德川秀纲的茶道老师，他制定了武家茶道的规范《石州三百条》，而他本人就是一位大名。有意思的是，片桐石州的老师是千利休之子道安的弟子，所以片桐石州是间接地继承了利休茶风。他认为茶道的极致还是要保持"侘"，但他的茶道规则又是贵族化的，具有强烈的阶级色彩：在石州所定的规范下，无论是茶事的做法、礼仪，还是茶器的样式和点茶方式，甚或是壁龛的挂轴装裱以及茶人的服饰，都讲究根据客人身份的不同来体现武家的上下尊卑。不过，这倒使得茶道在幕府、大名及其下属的各个武士阶层间的普及成为现实，成为江户时代最有代表性和最有影响的大名茶道流派。

片桐石州活跃的时期，也是千宗旦为复兴祖父千利休的茶道而努力的时期，他吸取祖父的教训，几次拒绝幕府的邀约，一生过着闲云野鹤般的生活，但与退位后的"后水尾院"和"东福门院"（后水尾天皇及其皇后德川和子）关系良好。据说"东福门院"不仅重用了宗旦，还让宗旦的妻子担任宫内侍女，同时赏赐了自己钟爱的茶道具。"东福门院"还亲手制作了许多"缝绘"（一种贴画，即把人物、花鸟等绘画的各部分剪下，用棉花使其表现出立体感并用花布包起来贴在厚纸板或者木板上，用作装饰；又指将纹样图案贴在剪切好的纸型上，用墨、绘画颜料等刷出来的画）送给千宗旦，以示对千家人的看重。对此，千宗旦曾在给自己第三子所写的信中嘱咐道："女院亲自制作的缝绘，外面别人是没有的，就当传家之物好好保存起来……"

小崛远州的艺术是"华丽又素朴"的大名茶道的

典型代表

千宗旦在晚年，创立了"三千家"——由"千家茶道"分裂形成的三大流派，直至今日仍是日本茶道的核心。何为"三千家"呢？千宗旦去世后，他的次子在京都的武者小路建立了官休庵，开辟了武者小路千家流派；他的第三子承袭了千利休留下的茶室不审庵，开辟了表千家流派；他的幼子则承袭了千宗旦自己建造的茶室今日庵，开辟了里千家流派（因今日庵的位置在表千家茶室不审庵的后面，故称"里千家"）。"三千家"在其形成后三百多年的时间里，深深影响了日本社会，让"侘"这一核心的茶道精神，成为人们的文化向往。

幕府的强权统治，却意外成就了日本的盛世。从元禄时期（公元 1688—1703 年）开始，日本的经济实力得到大幅度提升，由于重视发展商品经济，平民化的"城市时代"开始到来。正如我们在前文所说的，当时江户的人口达到了 100 万，是日本最大的消费城市，而京都和大阪也都各拥有近 40 万人口。这时候，通过资本积累获得了社会话语权的町人（商人）阶级有了更高的社会地位，成为城市文化的拥护者和赞助人，于是茶道的中心从武士阶层转移到了商人阶层。

影响整个日本传统文化领域的"家元"制度，这时也开始出现了。什么是"家元"制度？简单说来，就是以家传形式继承日本的各种艺能、艺道，并在该流派中处于权威地位的家庭、家族。不过更多时候，"家元"指的是统领该家族的家长本人，也就是流派的掌门人。这和中国的情况有所不同：在日本，某种传统技艺的规范、标准、展示、传授以及颁发相应的职业资格的权利，属于该领域的权威家族。"家元"的权威，通过牢牢掌握本艺道职业资格技能鉴定、职业证书的颁发权等得到维护，而其门下弟子也会代代遵守"家元"的艺规，使得这种制度一直传承到了今天。

日本的茶道流派从"三千家"开始，一直采用的都是"家元"制。这也是曾经的"大名茶"渐渐让位于"町人茶"的根本原因：和平年代里，不事生产的武士阶级，随着社会格局的改变，失去了经济支配权，由町人建立的茶道则通过"家元"制度推广到全国各地，茶人不再畏惧大名的刀剑，不再需要依托权力而生存。无论在城市还是村镇，茶人都能跨越藩国领地的界限，推广回归本心的茶道，从而各地都有可能发展成为茶文化的中心。这之后的人们，更多以自己是哪一流派的茶道门人身份而自傲，或者互相凭相同的信念引为知己。其实，这才是茶道"侘"之精神的体现，是以茶清心、以茶见性、以茶修行的茶文化态度的根本体现。

千宗旦还留下了一项对日本茶道艺术影响重大的举措——发展和培养"千家十职"。具体说来，就是从"三千家"成立开始，每个流派为了完成各种茶道仪式、庆典和周年、祭日的任务，都会分别指定十种茶道具领域的匠人来专门为相应的千家制作茶道具。这十种职业是固定的，会世世代代由其子孙继承下去，这十个为千家生产茶道具的家族，始终以世袭的称号作为"家元"的名称，影响和地位相当于中国的老字号，但因为其从来没有断代过，又比一般的商界老字号更加纯粹和珍贵。也正因如此，日本的"工匠精神"才特别突出，因为世世代代积累起来的信誉，要是毁在某一个传人的手里，其后果的严重性是难以想象的。

千家十职具体指的是茶碗师、釜师、涂师、指物师、金物师、袋师、表具师、一闲张细工师、竹细工柄杓师和土风炉烧物师这十种器职，代表有乐家（茶碗师）、大西家（釜师）、中村家（涂师）、中川家（金物师）、黑田家（竹细工柄杓师）等，他们的家族随着三千家的茶道影响而发展，在日本茶道界拥有极高的声誉，因此其制作的器物价值不菲，许多老器物还是收藏界的热门。因为它们经过了世代茶道宗师的认可，无论是实用性、观赏性、艺术性还是创造性，都有特别值得玩味之处，是"侘寂"的茶道精神的具象体现。

总之，在江户时代花团锦簇的氛围里，在消费文化一阵高过一阵的热浪里，茶道以它自己的步伐和节奏行进着。那么在这样的喧嚣里，在热闹的市井中，本是茶道最中心的物质——茶，它又有什么样的故事和经历呢？我们在下文说。

🍵 从中国茶到日本茶

我们在本书一开篇就介绍了茶叶从中国传入日本的历史：日本僧人荣西在中国寻求佛法的过程中，因为感受到茶对身体的益处，所以把茶种带回了日本。他同时带回去的，还有中国的种茶和制茶技术。因为当时的日本还处在平安时代末期至镰仓时代的过渡期，社会经济不发达，普通百姓的饮食单调匮乏，营养难以保证，求医问药则更是不容易。荣西以佛家慈悲悯人的情怀，写成了《吃茶养生记》，带动日本从佛教势力集中的京都开始，有了大片的种植茶园，这对日本来说，是一件影响深远的大事——代表着茶已经从它的原产地中国，正式融入日本的地理风土之中。而如今，我们不妨以后世的目光，来梳理它的发展与变化。

中国江南茶区的茶园

对中国茶有了解的人都知道，中国茶现在分为四个茶区：西南茶区、华南茶区、江南茶区和江北茶区。西南茶区是中国最古老的茶区，地形复杂，其行政区域主要包括贵州、四川、云南中北部和藏东南地区。因为这一地区的茶园大多分布在海拔 500 米以上的地方，故属于高原茶区。它的土壤类型多，茶树种类也多，主要有灌木型、小乔木型、乔木型大叶种，生产的茶类品种涵盖了绿茶、红茶、普洱茶、白茶、花茶等。

华南茶区的行政区域主要包括福建和广东中南部、广西和云南南部以及海南和台湾，是我国温度最高的一个茶区，主要种植乔木型和小乔木型茶树品种，有少量灌木型树种的分布，主要生产红茶、绿茶、乌龙茶、普洱茶、六堡茶等。

江南茶区是以长江以南茶区为主，包括广东和广西的北部、福建中北部、安徽南部、江苏南部、湖北南部以及湖南、江西、浙江等省。此茶区地形大多为低山丘陵、四季分明、气候宜人。种植的品种主要是灌木型中叶种和小叶种，自古以来因经济和文化上的优势突出，造就了大批的历史名优茶（全国十大名茶中的大部分都出自江南茶区），生产的茶类有绿茶、红茶、白茶、乌龙茶、黑茶等。可以说，江南茶区因其各方面深厚的优势，创造的茶叶经济价值是最大的。

江北茶区是我国最北的茶区，位置在长江以北、秦岭淮河以南以及山东沂河以东部分地区，包括甘肃、陕西、河南南部、湖北北部、安徽北部、江苏北部以及山东东南部等地。茶树品种以灌木型中小叶种为主，主要生产的是绿茶。该茶区气温比较低，导致茶叶生长的周期变得更长、上市时间晚，但茶的内质丰富，造就了绿茶中更香高味浓的一脉。

中国茶被传入日本后，最早形成规模的茶园在京都一带，随后才向其他地区扩展。时至今日，日本已有44个府（县）产茶，主要产区有静冈、鹿儿岛、三重、奈良、宫崎、京都、熊本、佐贺、福冈和琦玉10个府（县）。它们的茶园面积占日本全国茶园总面积的80%，产量更是占到了90%。

其中，静冈县是产茶最多的，茶园占全国茶园总面积的40%，产量占到50%左右。静冈县的茶叶产值，占当地农业产值的五分之一以上，是名副其实的支柱产业。静冈县的地理位置在日本本州岛的中部，距离首都东京只有一小时的车程，县境内有闻名遐迩的富士山，河流多、风景优美，还有丰富的温泉资源，据说德川家康晚年就住在这里休养。静冈茶最大的优点是茶形、茶色极美，所以在江户时代，曾被作为面向德川家的贡茶。

鹿儿岛是日本的第二大茶产县。它位于日本九州岛的南部，有丰富的森林资源和地貌独特的火山，三面环海、地势平坦、雨水充沛、气候温暖。这里的茶园面积和茶叶产量仅次于静冈县，而茶园管理和制茶加工的机械化程度更高。鹿儿岛茶的特点是香气清甜且入口浓郁，冷藏后饮用风味还会更佳，非常适合各种深加工产品。

三重县是仅次于静冈县和鹿儿岛县的日本第三大产茶县。它位于日本本州岛的中部，属于日本地域中的"近畿地方"（又称关西地方，是日本历史文化最悠久集中的地区，包含了日本大阪府、京都府，以及奈良县、滋贺县、兵库县、三重县、和歌山县等五个县）。它的地形是南北走向的，地势狭长，境内有山有海，大部分地区的年均气温在14—15摄氏度，气候温暖，所以很适宜茶叶的种植。

就产业本身而言，三重的名气没有静冈和鹿儿岛大，但此地所产的茶，不仅有浓厚茶香，饮后还有甘醇清香的余韵，所以也颇受青睐。为什么会形成这种风味呢？这跟三重县茶产业的一个特点分不开——这里冠茶（采用在茶叶收获前先用遮光幕将茶树遮挡一周左右的处理方式）的产量居日本第一。这样做的好处是利于培养茶树的新芽，让茶叶颜色更加浓翠，制出的茶少涩味而多甘甜。

特别值得一提的是茶叶生产量居全国第五位的京都府，因为这是日本茶产业的发源地。京都府的宇治茶已成为日本最高级茶叶的代名词，过去这里出产的茶被称为"本茶"，以区别于其他地区产的"非茶"。宇治市是名副其实的"日本第一名茶产地"，它的茶叶价值含金量是最高的。

从室町时代开始，宇治茶就获得了国家统治者——幕府将军的认可，出现了人称"宇治七茗园"的著名茶园，分别是宇文字园、川下园、祝园、森园、琵琶园、奥之山园以及朝日园，但其中只有奥之山园留存到了今天，有六百多年的历史。战国时代，千利休是宇治茶的坚定拥护者，他让本是武夫的丰臣秀吉迷上了宇治茶。到了江户时代，由于历代德川家的将军都钟情宇治茶，于是从公元1613年起，出现了宇治采茶使这个职务，最早由江户幕府第二代将军德川秀忠派专人从江户出发，前往京都宇治采茶，再送回江户幕府。以当时的交通条件（没有任何先进的交通工具，只靠马和步行）来看，这样一趟差事要花上至少两周的时间（德川家康统一日本后，建成了连接京都和江户的中山道，这条古驿道全长是540公里），这跟中国的杨贵妃"一骑红尘妃子笑，无人知是荔枝来"的隆重程度不相上下。

还不止于此呢！到第三代将军德川家光执政时，他把采茶使制度正式化了，将其作为幕府中的一个常设职位，并且定了一个很官方的名称——茶壶道中。这个"茶壶道中"可不是只有几个人，而是一个威风十足的队列，最多时甚至可达上千人。他们沿路步行、神情肃穆，领头者手举的白色大旗上有德川将军家的御用葵纹，旗上赫然是"茶壶道中"四个字。

而在这支队伍经过的地方，无论是老百姓还是公卿贵族，甚至是地位崇高的武士，一律都得靠边让路，坐车的下车、骑马的下马，老百姓停下手中的活计，不能发出任何动静，连做饭也不行。各家的红白喜事一概临时禁止。否则，谁影响了采茶使们的速度和情绪，谁就是耽误将军品茶的罪人，后果极其严重。

"茶壶道中"这个制度持续了234年之久，一直到江户幕府末期，公元1867年（明治维新开始的前一年），才退出了历史舞台，但这丝毫不影响宇治茶的受欢迎程度，因为无论从文化上，还是从地缘上，它都是日本茶的根基。

宇治茶最大的特点在于"香"。在日本，素来有"色数静冈，香数宇治，味数狭山"的说法，而相对应的静冈茶、宇治茶和狭山茶也正是日本的三大名茶。宇治茶的香气是怎么来的？主要有两方面的原因。

一是这里的地理条件好。不仅土地肥沃，产地内经流宇治川和木津川这样的优质水源，好水出好茶；而且日照充足，全年降雨丰沛，昼夜温差大，茶园多云雾，有利于茶树积累丰富的内含物质。

二是从宇治茶开始发展的时候起，当地就从未忽视过对制茶技术和工艺进步的要求。江户时代中期，宇治的茶农永谷宗元开创了用火力干燥茶叶并同时用手揉捏制作的手揉茶制法，这是今天的日本煎茶的制茶基础。到19世纪上半叶，宇治又确立了玉露茶的制法：其工艺和煎茶基本一致，只是茶园管理时，要在春天茶树生长发芽前20天，采用以苇帘或稻草覆盖茶园遮蔽光线的被覆栽培法（即前文所述的"冠茶"法）遮阴以减少日照，使茶叶中的氨基酸含量增高、茶多酚含量降低，从而减少苦涩味、提升茶叶的香气和鲜甜口感。

　　此外，还有一个隐性的因素不容忽视，那就是宇治产茶的文化背景是日本的其他茶无法比拟的：这里是日本著名古典文学作品《源氏物语》故事的发生舞台，有横跨在宇治川上、已被列为世界文化遗产的千年古刹平等院，有日本最早的神社建筑——宇治上神社和日本最古老的架桥宇治桥。这里一年四季都风景优美，自古以来就是皇族和将军们修身养性的别墅区，到现在仍然是日本最有人气的观光胜地。而且，在日本茶道中居于绝对中心地位的"三千家"，以及不少拥有几百年历史的

横跨在宇治川上、已被列为世界文化遗产的千年古刹平等院

茶器老字号，都在宇治所属的京都府，这让宇治茶在传统文化的加持下更具魅力。

话说回来，日本的国土面积和人口远不如中国，但人均茶叶消耗量却大大超过了中国。究其原因，日本茶虽然九成以上都是绿茶，但分类很细，从制茶的技术和饮用方式而言，有"煎茶"和"末茶（抹茶）"两大类。普通人日常生活中喝的是煎茶，喝法类似于中国的工夫茶（用茶壶冲泡后分杯饮用）。而末茶几乎专属于日本传统抹茶道，其又分为"浓茶"和"薄茶"。浓茶是在茶碗内放入三大茶勺的末茶后，少量注入约摄氏80度的热水，然后点茶，完成后茶汤是深绿色的，茶汁浓稠。薄茶在茶碗中的投茶量要减少一半，热水却加得多，所以点茶完成后的茶汤是鲜绿色的，茶汁清透。

若从茶的栽培方式、采摘时期和茶叶的高低等级来分类，日本茶可分为玉露（相当于中国的顶级绿茶，其种植、采摘、制作都非常讲究）、煎茶（比玉露略次一等，相当于中国的大众茶）和番茶（采摘晚，口感较为普通，类似于中国街头的大碗茶）这几大类，它们有各自的受众和饮茶场景，这跟中国的情况差不多——丰俭由人、按需消费。

此外，日本的各大产茶区和下辖的茶乡都有自己代表性的名茶，如前面重点叙述的京都府宇治茶，静冈县的本山茶、挂川茶、川根茶、天龙茶，鹿儿岛县的知览茶，三重县的伊势茶，埼玉县的狭山茶，福冈县的八女茶，奈良县的大和茶等等。这些茶又会被加工成五花八门的产品，出现在各种各样的场合，无论男女老

抹茶道使用的点茶工具

少，几乎都能找到自己喜爱的茶或其加工产品。这正是日本茶叶消费量大的根本原因。

从中国茶到日本茶，一棵小小的茶种漂洋过海的背后，是追求"侘寂"的禅宗精神和与之相对应的茶道美学的发展和渗透。月圆月缺、阴晴雾雨、朝花夕拾、生如朝露……人间的每一场遇见、每一次回眸、每一种生活，最终会被浓缩在一盏小小的茶汤里。

让我们，回到茶席上去吧。

🏆 唐果子与和果子

　　且慢！茶席上那一个个香喷喷、糯唧唧、有着各种各样形状和颜色的小东西是什么？看上去是很好吃的样子呐！

　　没错，它可是任何一场茶道活动都离不了的心思——果子。什么是果子？水果吗？当然不是，这是一种点心的统称，早在中国的唐代就已经出现了：当时正值社会上饮茶之风兴起，在上流社会的宴席中，自然而然便出现了边饮茶边食茶点的习惯。

　　唐代的茶点长什么样呢？其实，它的内容是很丰富的，像馄饨、粽子、面片、糕饼、水果、干果……都可以成为茶点，而果子只是茶点中的一部分——糕饼点心类的小食。那什么是唐朝最高级的点心？看看宋人陶谷在《清异录》里记载的韦巨源（唐朝时曾任宰相）在拜尚书左仆射后，以烧尾宴宴请唐中宗时留下的一份食单吧！里面的点心多达二十余种，包括单笼金乳酥（蒸制酥点，做法是牛奶加热凝固后，沥干水分再压实，每块单独放入笼屉里蒸熟，成品色泽金黄）、曼陀样夹饼（一种形状如同曼陀罗花的夹心烤饼）、火焰盏口糍（一种用糯米、芝麻和豆沙制成的油炸食品）、甜雪（一种入口即化的酥脆甜饼）、七返膏（制作过程中需要经过七次折叠的回花糕点）、金铃炙（一种用面粉、蜂蜜和酥油制成的点心，需要油炸，再撒上芝麻）、玉露团（一种雕花的精致奶酥点）、水晶龙凤糕（枣馅蒸糕，外皮呈透明状）、汉宫棋（一种棋子形状的印花糕点）、巨胜奴（酥蜜馓子）、贵妃红（加味红酥皮点心）、双拌方破饼（花角饼）等等。

上流社会自然是讲究的，那民间呢？从唐代开始，长安已经出现了专业化的饼店，并且生意极好。白居易在四川忠州（今重庆忠县）任刺史时，曾给当时在万州任职的朋友杨归厚寄去了胡饼，寄饼时还不忘写下"胡麻饼样学京都，面脆油香新出炉。寄与饥馋杨大使，尝看得似辅兴无"的诗句，意思是："我把这刚出炉的忠州的胡麻饼寄给你，快尝尝，看你还记得京城辅兴坊（唐代时长安朱雀门街西第三街由北向南的第二坊）内那些饼店的味道吗?"可见他们在长安当公务员时，都没少吃这一口。

在古代，日常的物资供应远没有现在丰富，尤其是像点心这样的副食品，它们的大量出现必须依托于制糖业的发达。中国人从东周时期开始种甘蔗，到了汉代，对蔗糖的加工提取已达到很高水平，直到唐宋年间，不断有成规模的制糖作坊出现。这让丰富多彩的果子，随着同一时期茶文化的发展，一起出现在了中国人的茶席上。

在白居易生活的时期，茶圣陆羽已经写成了《茶经》，日本的遣唐使也陆续来到中国求学——既学习先进的政治体制，也学习各种各样的文化，并将生活中各种实际有用的物品（唐物）带回去。其中，就有八种"唐果子"和它们的制作方法：梅枝、桃枝、葛胡、桂心、黏脐、毕罗、锤子、团喜，其使用的主要原料是糯米、小麦、大豆、小豆等。但还是那个问题：做果子就要有砂糖，日本当时还不产砂糖，所以这些点心后来渐渐失去了踪迹。

日本茶道中的"果子"，一开始出现在千利休所生活的时期，是那种来自大自然的果子，比如栗子、香榧、柿子、梨、葡萄等等，都是非常朴素的果品。直到江户时代，被现代人所熟知的"和果子"才成为茶道的亮点。但是它能被大众广泛接触到，是因为江户幕府在第八代将军德川吉宗执政时，进行了享保改革，日本砂糖开始由从中国、葡萄牙、西班牙等国家进口，逐步转为国产，这让砂糖开始大量出现。

在日本的四国地区（日本本土四大岛之一，划分为高知县、爱媛县、香川县、德岛县四县，因历史上划分为四个古代国而得名），至今生产一种叫"和三盆"的传统砂糖（一种色泽淡黄而颗粒匀细的黑砂糖，据说"三盆"之名来自于它在制作的时候需要在托盘上揉磨三次的工艺），它是高级果子的重要原料，由经验丰富的制糖师纯手工制作，能够产生甜而不腻的味道，所以很受专业制作和果子的老铺的青睐。

在江户时代的中后期，日本茶道已随着丰富的城市生活变得普及。在清淡素雅的茶道氛围中，兼具味道和形态之美的点心果子，成为茶会的亮点之一。各家和果子的供应商都使出了浑身解数，设计出各种各样的款式，并大力宣传推广。在作为茶道中心的京都，由老字号所出品的和果子因其在各个方面的努力追求，成就了"京果子"（京都的和果子）的大名。

不过，"和果子"这个名字的正式出现，是因为从江户时代中后期开始，欧洲糕点随着欧洲的砂糖一起传入了日本，出现了一些和日本饮食风格相当不同的点心。比如"长崎蛋糕"，最早是由西方传教士带来的一种用鸡蛋、面粉和糖简单制成的蛋糕，因是在长崎出现并广受当地人欢迎而得名。同期出现的，还有西式饼干、面包、金平糖等，大多极重奶油和黄油的使用。为了区分其和以大米、豆类为主要原料的日本果子，人们就把西式糕点称为"洋果子"，把日式糕点称为"和果子"。

公元1503年创立、至今有500多年历史的京都老字号"川端道喜"，以生产"道喜粽"而闻名。这也是京都唯一一家以粽子闻名的和果子老铺。它的店面不起眼，却有一段不平凡的故事：15世纪的应仁之乱发生后，连年战争使得各地的进贡中断，京都天皇及其家人的生活陷入困窘。为了把日子过下去，当时的后柏原天皇就让人在御所（皇宫）临街的外墙开了个小门，因为有一位同情皇室的商人川端道喜，会每天向他进贡早饭。到后来，这位以给皇室进贡早餐而知名的商人，把"川端道喜"经营得红红火火，成了一家人尽皆知的名店。它出品的"道喜粽"延续至今，根据馅料不同分为两种：历史悠久，被视为京都夏季经典风物的叫"羊羹粽"；而以吉野葛（奈良吉野地区产的葛粉）为原料，色泽晶莹剔透的则是"水仙粽"。

"虎屋"的创立时间与"川端道喜"差不多，也是在动荡的室町时代后期，在16世纪时成为皇室御用点心品牌，它的主打招牌是"羊羹"。所谓"羊羹"，其实是一种用红小豆和砂糖为原料、用盐渍花瓣或叶子上色而生产的果冻状点心，它甜而不腻，是搭配抹茶最重要的和果子之一。值得一提的是，"羊羹"的起源在中国，本是用羊肉熬制成的汤羹状的食物，之后随禅宗而传到日本。但是僧侣们不吃肉，就改用红豆、面粉、葛粉等为原料，到后来就慢慢变成了一种用豆类制作的果冻状食品，并因禅宗与茶道的密切关系，成为著名的茶点。

"羊羹"也分好多种，除了红豆羊羹以外，还有栗羊羹、梅羊羹、苹果羊羹、芋羊羹等等。据说丰臣秀吉是日本最早尝到红豆羊羹的人：早在公元1589年，山城国伏见九乡鹤屋的第五代传人冈本善右卫门使用寒天（也就是琼脂）、粗糖和小豆馅制成羊羹，进献给丰臣秀吉品尝，结果受到肯定。到了1658年，鹤屋将再次改良过的羊羹正式上市销售，成为现代各种日本羊羹的起源。

和果子从种类说来，可分为生果子、半生果子和干果子。生果子又名主果子、上升果子或朝生果，水分含量在30%以上，主要用白糖和红豆蓉制作而成，造型唯美、色泽鲜艳，极重视觉感受，一般配合抹茶食用，甜度高，最适合当天食用。一般常见的有大福（外形像中国的大号汤圆，一般采用薄却Q弹的麻薯外皮，内里填满红豆、花生、抹茶或水果等各式馅料）、草饼（又叫麻薯，外皮是糯米和艾草制成的，里面包着各种馅料，但以豆馅为主）、蕨饼、羊羹等，适合送重要客人。半生果子的水分含量在10%～30%左右，保质期为3—7天，

和果子——大福

以寒冰、最中（糯米制成圆形或方形的薄酥饼中夹着红豆馅）为代表性点心。干果子水分含量最少（在10%以下），主要以糖和豆粉压制出各种造型，甜度适中、口味丰富，保质期长达一个月，有平糖、落雁（用有黏性的米粉和糖混合后，再用木制的模型做出各种形状）、煎饼、松饼等等，很适合日常送人。

在京都，以每天只做4—6种生果子而闻名的"啸月"，创建于1916年，是一家低调的百年老店。它的销售是预约制的：为了保证食品的新鲜度，必须严格按照

和果子——羊羹

客人的到店时间制作，所以客人不但要提前一天预约，还得在指定的具体时间前来。与此有同样规定的，还有建仁寺和高台寺的御用和果子店"松寿轩"。因为它的招牌果子——铜锣烧保质期只有一天，最好是趁热食用，所以才对客人来的时间提要求。但即使这样麻烦，也打消不了人们对茶道中的艺术品——和果子的好奇和倾慕。

从茶道的角度来说，和果子的登场必须与茶会主题，当前的季节、时节，茶席意境以及主人招待来宾的心意相符。比如一月的"花瓣饼",最初是为正月时到皇宫参拜的人们而准备的年糕点心,后来成了正月料理的代表,并传承至今。三月有日本的女儿节,茶席上要有应景的菱饼,并且装饰成粉、白、绿三层,分别由三种食材(栀子实、菱角和艾草)制成,粉色寓意着消除厄运,白色代表子孙繁荣,而绿色代表身体健康,这是对少女未来的祝福。四月是樱花季,当然搭配"樱饼"——人们将染成粉色的年糕粉包裹豆沙馅,再外包盐泡过的樱花叶,就着茶与赏樱的心情一起慢慢享用。六月是初夏,又有梅雨连绵,在日本称"水无月",所以茶事中也奉上同名的点心"水无月"。它是一种在由米粉、面粉等与砂糖加水混合后蒸制而成的蒸糕上,佐以蜜煮红豆,蒸熟后放凉,再切成三角立方体的初夏点心。八月是盛夏,为了感受清凉,人们用浓绿的竹叶包裹撒入了红豆的葛粉糕,看着清爽悦目。

此外,还有七夕时配的栗羊羹(栗子是秋天的时令象征)、中秋时的月见团子(日本把农历八月十五称为"月见节",风俗是一边赏月一边吃一种圆糯米团子)、重阳时做成菊花形的和果子(日本把农历九月九称为

"菊之节")……在茶道"一期一会"的精神里，所有能代表季节、体会当下并与文化背景相呼应的果子，都会在茶事的进行中，给人以从身到心的享受。

再回到"唐果子"的故乡中国吧，随着茶道的大众化和各种地方名茶的发展，同样也出现了各种著名的茶点心。比如浙江的桂花糕、云片糕；江苏的蟹壳黄（烧饼）、麻饼、梅花糕；江西的九江茶饼；安徽的徽墨酥、小酥饼；闽南的花生酥、绿豆饼；潮汕的腐乳饼、朥饼等等，尤其到了以早茶文化著称的岭南名城——广州，其茶点的风味万千更让人难忘：虾饺、叉烧、肠粉、烧卖、蛋挞……不但古今传承，而且中西合璧、包罗万象。中国人以接地气的生活态度，成就了今日尚在蓬勃发展的中国茶道的根基。

总之，在茶道的世界里，无论是在意形式的极致之美和艺术感受，还是大道无形，将一碗茶的精神浓缩于市井生活的风味中，都是禅的精神：一花一世界，一叶一菩提。

🍵 吃一块精进的豆腐

豆腐是茶道中的常客。从中国到日本，它与禅的关系密切。

中国是豆腐这一食品的原产地，其最早有文字可查的记载，源自北宋陶谷的《清异录》："时戢（人名）为青阳丞（县官），洁己勤民，肉味不给，日市豆腐数个，邑人呼豆腐为'小宰羊'。"苏轼在杭州做官时，创制过"东坡豆腐"，其做法是："豆腐，葱油煎，用研榧子一二十枚和酱料同煮。又方，纯以酒煮。俱有益也。"这是一道非常具有江浙风味的豆腐菜，朴实而入味。到了南宋人吴自牧的笔下，他写都城杭州的饮食业时，也明确提到了豆腐："更有酒店兼卖血脏、豆腐羹、燠螺蛳、煎豆腐、蛤蜊肉之属，乃小辈（平民）去处。"（《梦梁录》）这至少说明了两件事，一是做豆腐的技术在宋代早就普及，二是它的价格不高，普通人消费起来毫无压力。

宋代是中日两国禅僧交流的高峰期。我们之前介绍过的荣西和道元两位德高望重的禅师，都是在南宋来到中国留学的。他们将在中国见到的许多物品连同佛经一起带回了本国。在杭州径山寺斋堂的素餐里，豆腐制品（豆腐、豆皮、豆干、素烧鹅）至今依然是主打菜品，而且深受欢迎。而早在唐朝时，这里就出现了径山茶宴，到宋代更盛行一时。

南宋端平二年（公元 1235 年）时，生于日本骏河国（今静冈县）的临济宗僧人圆尔辨圆来杭州，在宋朝研学六年，最后嗣法于径山寺无准师范禅师。圆尔辨圆回国时，从径山带回了茶籽，播种在家乡静冈县的安倍川一带，又仿照径山寺的碾茶制作方法制作日本"碾茶"（日式"抹茶"的雏形），后来便被尊为静冈茶的始祖。这位禅师是个多才多艺的人，他在中国除了茶以外，还学会了烹饪、纺织、绘画，还会制作麝香药丸和龙须面。

在圆尔辨圆之后，无本觉心和南浦绍明两位禅师也先后来到径山寺，他们进一步把径山的茶风、茶礼连同寺里制作的豆腐、豆瓣酱、酱油等食物，还有中国僧人恪守的"一日不作，一日不食"的信条，一起带回了日本。

对于豆腐在日本的出现，一般人猜测它在公元1183年也就是平安时代的末期，就已经有了雏形。因为那年的正月二日，奈良春日若宫的神主（日本神社中负责祭祀项目的神职人员）中臣佑重在他的日记里写下了"春近唐符一种"的记载，并归类在"奉献御菜种"的部分。由于"豆腐"的日语发音和"唐符"相同，所以当代有学者认为它可能是豆腐，但无法完全确认。直到日本室町时代的初期，"豆腐"这个词，终于明明白白地出现在了其教科书《庭训往来》（成书于公元1380年左右）的扉页上，写着"御斋汁者豆腐羹"几个字。自此，在室町时代发展正盛的一百多年里，日本文献中出现了越来越多关于豆腐的记录，甚至有卖豆腐的小贩正在街边兜售的场景绘画（16世纪末期的《七十一番职人歌合绘卷》）。这足以说明，经过数百年的融合发展后，豆腐在日本也成了平民化的食物。

这是一件重要的事。因为在物质不发达的古代，人们缺乏蛋白质，又需要营养的补充，特别是日本还是一个长期禁肉的国家，豆腐很好地起到了裨益身体的作用。在寺院的精进料理中，豆腐一直担当着主角：蒸豆腐、煮豆腐、烤豆腐、炸豆腐、冻豆腐，还有炖蔬菜豆腐，等等。比如在道元禅师创立的永平寺，它的精进料理对食物种类的规定很严格，但能做到一日三餐绝不重样：高野豆腐、白萝卜干、红纳豆、绿菠菜、黑海带、黄豆芽、土豆丝……归纳一下，就是以米饭和昆布（海带）味噌汤为基础，豆制品为主料，腌制蔬菜为辅料，再配上各种时鲜的四季瓜菜，这，就是精进料理的范围。

高野豆腐，其实是中国的冻豆腐，它的名字来源于日本和歌山县（今日本三大都市圈之一大阪都市圈的组成部分，属于关西）的高野山地区，那里是由弘法大师空海创立的日本佛教密宗真言宗的大本山，至今还以有1200年历史的真言密教的总寺院金刚峰寺为中心，分布的近120所寺院，形成了一个独特的宗教小镇。江户时代，这里的寺院一度有1800多所，有很多僧侣在高

高野豆腐

野山修行，可后来因为饥荒和社会的动乱而人口骤减（江户时代末期，社会矛盾本已尖锐，又因天灾不断导致农业歉收，发生了全国性的大饥荒，使得无法生存的农民频繁起义）。据称，高野山的一位僧人，有一次在冬天将豆腐保存在户外（高野山的冬天非常冷），等拿出来的时候，豆腐已经变成了一种硬邦邦煮后有孔隙的形态，但是味道很好。于是高野豆腐之名就传播到了全国，成为佛教寺院中的一种重要食材。

室町时代是日本茶道开始起步的时期，与之相应的茶会料理也从十分简单慢慢变得奢侈烦琐，再之后，集日本茶道思想之大成的千利休又恢复了茶会料理的简朴，将"茶会料理"命名为"茶怀石"，基本是"一汤三菜"的形式，餐食朴素。其中，就经常有"利休豆腐"的身影。在千利休的观念里，豆腐这种食物本身就含有"侘"的意味，与茶室幽微的环境和主客之间诚心的相待，一同组成茶道的禅意。

　　豆腐成就了素食，成就了精进料理，成就了茶怀石，也成就了古城京都的"京豆腐"。什么是京豆腐呢？就是在京都制作的豆腐，地位相当于中国的地理标志产品。这意味着京都人认为本地产的豆腐是日本首屈一指的优秀，而且其行业协会规定了，能使用"京豆腐"这一商标的，要符合如下三个条件：一是京都生产的；二是百分之百使用日本的国产大豆；第三是豆浆的浓度要达到 13Brix（糖度值）。为什么要这么规定？日本是粮食自给率很低的国家，因为它的耕地资源非常匮乏，就大豆而言，其每年从美国和中国的进口量非常大，而从中国进口的大豆基本上被加工成了豆腐、酱油等日常食品。因此，为了凸显支持本国农产品的重要性，也因为原料成本确实比较贵，只要被认定为京豆腐的产品，身价就要高于市面上其他的豆腐。

京都人还认为，京豆腐的质量高，除了百分之百使用国产大豆之外，还因为京都有日本国内最优质的水源，鸭川（贺茂川）、桂川、宇治川、木津川这几条河流，不但风景优美，还联合形成了京都丰富的地下水资

京豆腐是京都人
的骄傲

源。正所谓一分豆九分水，做豆腐需要优质的软水（依世界卫生组织所定的标准，硬度120mg／L以下为软水，120mg／L以上为硬水），京都地下水的硬度甚至不足10mg／L（贺茂川的源流硬度在3mg／L左右），这是豆腐口感柔软、清淡、细腻甚至微甜的重要原因。日本近代著名的美食家、艺术家北大路鲁山人就说过："京都自古以来因水秀而闻名，丰富的水资源孕育出上好的豆腐。"所以京都人拍着胸脯保证说，京都的豆腐是用几百年来的传统工艺和地下的甘甜水源来制作的，是不同凡响的生活美味。

京豆腐最出名的，当属汤豆腐和豆腐衣，尤其是汤豆腐，吃法虽然简单，却最受欢迎。在中国，发达的烹饪技术催生了豆腐的千百种做法，而日本汤豆腐，无非就是在一口锅里煮一大块豆腐，然后配上葱、姜、萝卜等配料，这有什么好吃的呢？可京都人坚持认为，吃到豆腐的本味，比万千丰富的变化更重要，这是因为，他们从骨子里认同的是一种淡然质朴的生活观，这跟佛教的长期影响密不可分。

京都是佛寺林立的地方，据说，这里有超过1600座寺院。有参照中国宋代禅林的"五山制度"建立起来的

"京都五山"：建仁寺、东福寺、相国寺、天龙寺和万寿寺。另有南禅寺被列为别格，位于五山之上，过去是日本禅宗地位最高的寺院（这是在日本的室町时代，由足利义满制定的五山位次）。南禅寺本是皇家离宫改建的禅寺，有700多年历史（始建于1291年），这里的汤豆腐是京都最出名的。因为大家都认为南禅寺的山中水汽氤氲，清泉淙淙，拥有极甘美的水源，能造就豆腐的美味。

在南禅寺旁，就有一家叫"奥丹"的汤豆腐料理店，从江户时代初期开业至今，据说是京都汤豆腐的发源地，曾经专供拥有崇高地位的南禅寺的精进料理。到现在，这里的豆腐仍然深受欢迎，并且当天做、当天卖，卖完即止，不可预订，所以门口总是有人在排队。"奥丹"做豆腐始终坚持的一点是：不使用任何凝固剂，只用简单制作的卤水和豆浆调和，以人的经验来完成制作时间的计算。具体制作的过程是：先用地下水浸泡大豆一整夜，然后倒入石臼中捣碎，用锅煮熟，然后榨汁做成豆浆。再然后，在豆浆中加入盐卤（将粗盐用稻草包裹起来，吊在湿度很高的地下室中，吸收了水分的盐就会变成盐卤，沿着稻草缝隙落入置于下方的桶中），等待一段时间后，把凝固的豆腐捣碎，倒入模具。再等一段时间，待豆腐的硬度变得合适时，即可取出。这种用传统方法制作的豆腐，口感其实偏硬，但甘甜的风味突出，是"京豆腐"非常典型的一个特征。

"顺正"是另一家拥有近200年历史的豆腐名店，它的前身是教授医学为主的顺正书院。这里庭园优美，树木四季葱茏，占地面积也很大，整体景色与南禅寺悠远的佛教氛围融为一体，被誉为日本吃汤豆腐最好的三家老店之一。这里的料理套餐分汤豆腐和汤叶（豆腐皮）两种：汤豆腐吃法直接，也就是把切块的手工豆腐放入高汤中（锅下有炭火保温），吃的时候捞起来，蘸上手工酱汁食用；汤叶料理要现做现吃，吃法是将一锅豆乳烤热，在加热过程中，用竹签挑起豆乳表面凝结的一层薄膜，蘸上酱油便可食用。这在中国人看来，其实就是让顾客自己做豆腐皮。这种现做现吃的豆腐皮口感怎么样呢？豆香味非常浓，而且细嫩无渣。

豆腐皮和豆腐一样，都是日本的禅僧从中国带回去的食物，所以它在传入日本后，先后在京都、近江（滋贺县）、大和（奈良县）、日光（栃木县）、身延

（山梨县）等禅宗寺庙较多的地区传播开来，成为精进料理的主要食材，又因为它的口感好、搭配性强，所以做法多种多样。在我们之前介绍过的由中国僧人带去的"普茶料理"中，就有一种"卷织"，做法是将香菇、牛蒡、胡萝卜、豆腐等食材切丝、调味，再卷入豆腐皮中油炸（其实就是中国南方"炸响铃"的做法）。这种做法还被收录在了江户时代后期的料理书《豆腐百珍》中，吸引了众多豆腐爱好者的关注。

我们已很难确知，当年由日本茶圣千利休端出的"利休豆腐"到底是什么样，但是有一点是确定的：从来就朴素自然的豆腐，自它漂洋出海时开始，就是茶道与禅心的载体。

明朝有一本书叫《菜根谭》，讲的是融儒释道三家哲理于一体的修身处世之法，在日本有很高的传播度。这本书里有一句话："浓肥辛甘非真味，真味只是淡。"是的，在东方人的生活和精神世界里，大巧不工、大方无隅、大象无形、大道至简，是世间万事万物的真谛。

不可说，吃块豆腐就行了。

🏆 那么,是茶泡饭啊

　　日常茶饭事,说的是家常便饭,是我们寻常平淡、日复一日的人生。而茶与饭,本来是两种物质,但是在茶道浸润的生活里,又常常合二为一。

　　在日本,最早吃泡饭可追溯到飞鸟时代(6世纪中叶到8世纪初)至平安时代(公元794年到1192年),当时的日本刚刚形成一个比较稳定的大和政权,其势力范围尚未延展至今天日本的大部分地区。天下初定,烹饪技术也是不发达的,因为原料、调料都受到限制。成书于公元934年的《倭名类聚抄》(日本最早的百科全书)里,详细记载有当时饮食生活的情况,写到人们加工食物的方法,主要是烧煮和蒸煮(对应今天日本料理中的"煮物""蒸物"），而没有煎、炒的制法（并且在很长的历史时期内都没有）。这是因为古代日本食用油的生产非常少，一是因为"禁肉令"的推行使得动物脂肪数量骤减，二是植物油主来源的大豆榨油技术还未出现，人们只有相当有限的芝麻油可以食用，而且还要分走至少一半用来照明。

于是，人的用餐就只好清淡了：平安时代的贵族们，常常在饭里浇入热水或热菜汤，夏天的时候则会浇入凉水来食用（称作"水饭"或是"汤渍"）。在有着"日本《红楼梦》"之称的小说《源氏物语》的第二十六回中，就有这么一幕："六月中有一日，天气炎热，源氏在六条院东边的钓殿中纳凉……内大臣家那几位公子前来访问夕雾。源氏说，'寂寞得很，想打瞌睡，你们来得正好。'便请他们喝酒，饮冰水，吃凉水泡饭，座上热闹非常。"很显然，贵公子源氏觉得，凉水泡饭跟酒水一样，是招待贵客不失礼仪的佳品。

到了室町时代，来自中国的茶叶、茶具等已经传入了日本，人们觉得茶的口感更好，而且气味清香，提神醒脑，便以茶代水浇在饭上食用了。在15到16世纪日本战国时代，日常行军途中的武士们虽然要消耗大量体力，但并没有什么肉类的蛋白质可以补充，他们经常是用热茶泡米饭果腹，可以在最短的时间内充饥。就连织田信长也喜欢在出征前吃一碗立等可取的茶泡饭，还有在他身故后执掌天下的丰臣秀吉，也是靠一碗又一碗的茶泡饭，度过了自己最微寒的岁月。

再到 17 世纪后期，我们在第三章《康乾的茶馆和江户的茶屋》一节中提到过的一种叫"奈良茶饭"的店铺出现在了江户浅草。这是一种出自古都奈良的朴素饮食，做法是把各种各样的杂粮拌和倒入锅中，再加盐、高汤、酒和日本煎茶煮透，最后焖一会，吃起来软糯又耐饥，这是奈良东大寺与兴福寺的僧侣们过去日常的主食。它也是现代日式快餐的起源。

奈良东大寺，这里曾经留下了鉴真法师的身影：他在这里设坛传戒，之后又创建了唐招提寺，传布佛理；这里也发生过"南都烧讨"的惨祸：日本平安时代末期，执政者平清盛一族的军队，放火焚烧了反对其统治的奈良东大寺、兴福寺等寺院，东大寺被毁，有上千平民和僧侣被活活烧死。直到平家的死对头——源氏掌权的镰仓幕府上台后，东大寺才得以重建。

奈良东大寺是当今全世界
最大的木造建筑，图为寺
内的卢舍那大佛

奈良一直保持着"平城京"（公元710年—794年，
这里是日本奈良时代的都城，史称"平城京"）的古
意，淳朴而悠然。奈良东大寺里的斋饭，也在千年的时
光里，和来自田间的蔬菜以及园中的粗茶，融为了一种
生活、一份信仰。"奈良茶饭"从寺院走向闹市街头，
曾经为收入微薄的苦力、徒工充过饥，也曾在都城最脆
弱惊慌的时刻，发挥了关键作用。

大城市的发展离不开底层劳动力。在修建江户城的
基础设施和商业区的过程中，需要大量建筑工人。而蓬

勃发展的江户生活，也离不开全国各地的年轻人——过去谋生的门路少，许多来自城市以外的平民子弟，满了13岁就要去城里的大商行当"奉公人"（相当于中国的"学徒"），也有到富贵人家帮佣的。他们的生活很清苦，工作时间很长，吃得不好还经常忙得没时间吃饭。为了节省时间，更为了能经受住生活的考验留在城市扎根，最终，他们凭一碗将饭、菜、茶混合在一起的"茶饭"，解决了生存问题。

公元1657年，也就是江户幕府的第四代将军德川家纲在位时，江户发生了极为离奇的"振袖大火"（又以当时天皇的年号称"明历大火"）——一位富商家的妙龄少女去世，在做法事后照例火化的过程中，姑娘点燃的袖子突然被狂风卷走，先是烧着了寺院，之后火苗又陆续飞到附近的住家，在大风的作用下，一条又一条的街道被吞进了火海，大火整整烧了两天两夜。由于当时的江户城里都是木建筑，所以大火使得全江户约2/3的城区（面积2500多公顷）被焚毁，有超过10万人葬身火海，流离在外、无家可归者不计其数。为了稳定民心，江户幕府极力救济灾民，将制作简单的"奈良茶饭"作为赈灾饭，并用"一饭、一汤、一泡菜"的菜色搭配，让亟须恢复精神的大城市从废墟中站了起来。

有贫苦人吃的茶泡饭，自然也会有贵人吃的茶泡饭。江户城里曾经最出名的料亭"八百善"就供应一两二分银子每客的顶级茶泡饭。善于营销的店家声称，这碗茶泡饭的米用的是越前（今福井县）的一粒选（高级大米的名字），茶用的是极品玉露（日本最高等级的绿茶），配饭的酱菜是本季节最稀少的瓜果，而冲泡玉露用的水则是特地让人去玉川（江户最著名的饮用水道）挑回来的，每一样都成本不菲。那还有什么可说的呢？交钱呗！

但是这样的茶泡饭，毕竟是与普通人的生活脱节了，在古代粮食长期匮乏的岁月里，地主、富商家也不能天天吃上白米饭，更别说种地的农户和城里的贫民了。人们选择茶饭的原因多是因为它的廉宜与简单。而对在日常生活中常怀侘寂之心的茶人来说，吃茶饭等于是一种提醒——提醒自己要时刻体味并感念生活中的寻常事、寻常景，所以后来出现了"茶饭釜"（又称钓釜，是一种带盖阔口鼓腹、有提手钓钩的铁釜，釜身上常出现"饭来饥""渴来茶"的字样，可以在茶会中炊饭、点茶）茶事（茶会的主、宾双方一起等待米饭在釜中烹熟）。因为日本茶道本就是在"日常茶饭事"的基础上发展起来的，它将每个人日常的生活举止，与各种宗教、哲学、伦理和美学的内容，深切地融为一体。

中国的茶泡饭是什么情形？可以从文献和名著的描述中略窥一斑。像20世纪90年代的《中国烹调大全·古食珍选录》里，写明朝文人的生活："冒（辟疆）姜董小宛精于烹饪，性淡泊，对于甘肥之物质无一所好，每次吃饭，均以一小壶茶，温淘饭，此为古南京人之食俗，六朝时已有。"也就是说，这种茶泡饭存在的历史相当悠久了。清代时，曹雪芹在《红楼梦》里写贵族的生活："宝玉却等不得，只拿茶泡了一碗饭，就着野鸡瓜齑忙忙的咽完了。"（见第四十九回"琉璃世界白雪红梅，脂粉香娃割腥啖膻"）还有清末沈复的《浮生六记》里，也有其妻子芸娘吃茶泡饭的情景："其每日饭必用茶泡，喜食芥卤乳腐，吴俗呼为臭乳腐。"

现代人奢华版的茶泡饭

  泡饭、腐乳、小咸菜，至今仍是中国江南地区普遍的饮食习惯，尤其是家有老人的，更是好这一口。这种习惯在过去是因为粮食供应不够，当家的主妇要在有限的白米中，掺进各种各样的杂粮和剩菜，煮成地瓜饭、菜泡饭；而现在是因为人们吃主食的量变少，蒸的米饭一顿吃不完，下一顿就加热水煮一下，或者干脆就用开水泡一下，就着咸菜腐乳，打发了一顿饭。中国人不把茶水冲进饭里，但是经常会在饭后拎一壶炒青绿茶去公园聊天。清茶淡饭小日子，对度过了物质匮乏岁月的人来说，是一份安心的慰藉。

现在的日本是一个发达国家，但是茶饭泡的影响仍然无处不在。比如，改编自日本同名漫画的日剧《深夜食堂》，播出后好评如潮，引发了观众的强烈共鸣。它其实是用一个又一个食物的故事，串起了人生的百态，讲述了生活的冷暖。其中有一集讲了茶泡饭的故事：每天光顾深夜食堂的三个女青年是同在大城市工作的多年好友，她们大龄单身未嫁，渴望真情但又讥讽社会的轻浮。为此，三姐妹经常为各种各样的人和事争执，但是话说到最后，都绝无例外地要点梅干、鳕子和鲑鱼这三份茶泡饭。她们吃的是风味不同的茶泡饭，象征着她们的人生观和价值观也不尽相同。但是人生就是在不断的矛盾与碰撞中寻求豁然开朗的过程，谁都不能例外。所以一碗茶泡饭之味，透出的是生活的哲理。

从电视剧也看得出来，当代日本人依旧爱吃茶泡饭，但是泡饭的内容更丰富了，过去显得豪华的食材，出现在了象征清寒的茶泡饭里。比如说鲑鱼茶泡饭，要挑选肉质柔韧、有嚼劲的鱼尾部分，先腌再油煎，煎熟后浇上煎茶，再加些肉松、紫菜、芝麻碎，口感既丰润又有茶清香，做午饭极好。再比如说金枪鱼茶泡饭，是先在半碗饭上铺几片金枪鱼的生鱼片，然后浇少许酱油，再在生鱼片旁放一些萝卜泥，最后以茶水缓缓地从金枪鱼的一边浇到另一边，直到米饭全部浸没于茶水中，将其与鱼片、萝卜泥、酱油搅匀，形成风味独特又浓郁的一道料理。

现代的茶泡饭不仅可以现做，也可以在超市买到。日本最大的茶泡饭制造公司永谷园，在1952年推出了名为"茶渍海苔"的速食茶泡饭：干燥处理过的海苔与茶粉、汤粉被一同封在一个小袋子里，食用时将袋子里的混合物倒在米饭上，再注入热水，便是一碗热腾腾的茶泡饭。这跟泡方便面是一个道理，没想到推出后火爆不已，永谷园大获成功！现如今，这家公司更是结合了日本的地方特色，用不同的茶搭配不同地区的风味特产，推出了地方限定款，如北海道限定、冲绳限定、东京限定、九州限定等等，口味丰富，还很有人文特色。

在日本茶道形成的中心地京都，用"茶泡饭"送客是个心照不宣的习俗。一般是主客相谈、言尽起身时，客人说："那今天就不再多打扰您了，该告辞了。"这时候主人总会表示挽留之意，并且说："请再用一碗茶泡饭吧！"这句话的真实用意和它的字面意思完全相反，换成中国人的说辞就是："那您慢走，我就不送了，路上注意安全。"只是婉转的京都人，要借"茶泡饭"这样的日常食物来表示彼此间的相处很愉快，期待下次再见。这是语言艺术上的留白。

"先把水烧开，再加进茶叶，然后用适当的方式喝茶，那就是你所需要知道的一切。"几百年过去了，千利休留下的这句话，仍回响在日常生活的每个细节里，与美、信仰、创造和重生紧紧联结在一起。茶道的真谛如茶泡饭之味，说着一期一会，可能是再也不见，更可能是日复一日的激情在疲惫中消磨。

但那又有什么关系呢？世情流云散，日常茶饭事。

🍵 怀石料理的四季

　　我们在第二章的《要怀石料理还是会席料理》中，对诞生于禅宗、立足在茶道（抹茶道）的"怀石料理"做过背景介绍——它是从寺院中的精进料理发展而来的茶道简餐，经过长期的演变，到江户时代才开始确定规范模式，发展到今天已经集各式料理之长，可繁可简，成为日本最高等级的食事。人们在品味"怀石料理"的时候，与其说是品尝食物，倒不如说是在感受这种风雅而有禅意的氛围。

　　我们也不难想见，这样风雅的食事，不但有固定的流程、环节——怀石料理通常由先付（开胃菜）、御碗（汤品）、向付（生鱼片）、八寸（传统规定只使用山珍及海产，并放在八寸的杉木木盒中）、**烧物**（一般是烤鱼）、**扬物**（即炸物，多半是天妇罗）、**焚合**（即煮物，是高汤炖煮的菜品）、**酢物**（凉拌菜）、**蒸物**（常见蒸蛋）、**御饭＋止碗**（白饭搭配味噌汤）＋**香物**（酱菜）和**水物**（甜品）等十余道上菜步骤组成，而且要依照环境、时节、气候等因素的不同，进行各具特色的安排。

要说清楚这个问题，就先回到京都吧。这里是茶道氛围最浓厚的古都，这里的生活古典风雅。在本书的最后，建议你如果有时间，不妨来京都度过一年的光景，感受由料理带来的四时情味。

"如果不是京都的樱花，看了也跟没看一样。"（谷崎润一郎《细雪》）四月的京都，樱花随处盛放，尤其是在京都最负盛名的赏樱胜地——清水寺。这里有大约1500棵樱花树，盛放时花若重锦、美不胜收，故此常常成为京都风景明信片的主画面。而在京都的主要河流鸭川（贺茂川）的沿岸，从三月底到四月上旬（樱花的花期短，开放时间只有7—10天），无数沿着河堤种植在道路两旁的樱花树，形成一条延绵不绝的樱花步道，吸引许多京都的市民来此漫步。

在春天的樱花烂漫中，京怀石（出自京都的怀石料理，也称京料理）展开了它对季节的陈述。来自当季的食材、细致的刀工、精致的摆盘、幽雅的茶室……无一不是精益求精的，它们传递着人与人之间的情感。在春季，京都料理界的名家、名店都会用最鲜美的蔬果和鱼肉做成菜肴。为了让春天的气息体现在桌面上，各种菜还会分别被盛放在陶、瓷、漆、竹等不同材质的食器里，让它们与食物本身相呼应。

比如创立于1912年、位处京都东山山麓的老店菊乃井，它拥有非常古典的日式庭院，每月都会更换菜单，如今已是米其林三星餐厅。在四月的怀石料理中，前菜（先付）会出现酒蒸鲷鱼鱼白这样的菜式。鲷鱼和樱花一样，是日本文化的象征，一直备受推崇，寓意着高贵、优雅与祥和。而鱼白是鱼类的精巢，含有丰富的蛋白质，在日本人看来有养生滋补的效果。鲷鱼鱼白是比较难得的，只在春季出现，与樱花开放的时间相吻合。为了让食物与食器相映衬，料理人还会选择绘有山珍图案（如蕨菜，一般也在四月生长）的碗，让春意从此开始。

四月的真鲷又称"樱鲷"或者"花见鲷",指鱼片颜色像樱花一样粉嫩娇艳,肉质鲜美

　　"八寸"的精髓在于摆盘,在精致的木盒中、在食物的周围,无论食材是什么,如果装点当季盛开的樱花,就会让人有一种置身园林的画面感,视觉就会立刻舒适。"向付"如何与春天关联呢?可以上真鲷鱼片啊!因为四月的真鲷又称"樱鲷"或者"花见鲷",指鱼片颜色像樱花一样粉嫩娇艳,肉质鲜美,自古以来就被视为名物。樱花和甘鲷的组合也是有意思的:先将盐渍的樱花与糯米粉拌和,然后包进甘鲷里,外面再裹上樱花叶上锅蒸,吃起来的口感像年糕,又有樱花的香味。

到了最后吃"御饭＋止碗"的时候，春之樱又会在哪里出现呢？有可能是在一碗由高汤冲制的豌豆汤里，加入一个炸虾丸，然后把樱花的花瓣覆盖其上，让花的粉色、虾丸的肉色和汤的鲜绿色相映成趣，为一次完美的春季怀石料理画上句号。

春樱是转瞬即逝的，无论多么具有美感的食物也无法挽留季节的色彩。在夏天，古城京都变得更有活力起来，因为七月的祇园祭已经开始了，这是日本的夏日三大祭礼之一（另外两个是东京的神田祭和大阪的天神祭），起源于九世纪末，从平安时代（约1100年前）就开始了，持续的时间则差不多有一个月。我们在此要稍作解释：在日本，"祭"就是指节日，而中国的"祭"是"祭祀""祭奠"（指供奉神灵或祖先，也指对逝者表示追悼的仪式），两者含义区别很大。日本的"祭"名目繁多，大多都有其历史背景，是传统文化的重要组成部分。

在京都，这时候许多老字号都非常忙碌，因为各家长期以来的老朋友、老客户，大多会在祭礼期间来到京都。重礼节、要面子的京都人，务必要做好招待，尤其是名声在外的京都茶道和怀石料理，更是不容被忽视的体验。也因此，从大祭拉开帷幕起，就到了京都旅游的旺季。但是日本人在旅游时，比起堂食，更钟情于携带精致的便当（便当一词最早源于中国南宋时期的俗语"便当"，本义是"便利的东西"，传入日本后专指盒装餐食），因为可以一边观景，一边满足口腹之欲。各家老字号这时候要做的，就是向料理名店定下应季的食单，然后由专业人员制作高级料理送到家中，用以招待自己的贵客。

开业于1935年的"木乃妇"是一家米其林一星餐厅，它原本是皇家御用的料理旅馆（一种传统的日本风格旅馆，入住就包含了"一泊二食"，也就是当晚的晚餐和第二天的早餐，大多数的料理旅馆都会在晚餐时提供用当季食材精制的"会席料理"或"怀石料理"）"木藤"所分出的料理餐厅，主打最传统风味的京料理。它的位置，就在祗园祭巡游队伍要经过的新町通街。

"木乃妇"的怀石料理比较注重创新：比如在上"先付"的环节，有时会出现将正当季的菱蟹（蟹类的一种，长足）和茼蒿用醋调制，拌焯青菜，然后用志野烧（志野烧的前身是日本产的白天目茶碗，而天目原本是日本对中国宋代黑釉茶碗的称呼）端上来，这样即使在炎热的夏日，也能感受一种茶意的清凉；再比如一道寿司限定拼盘里，料理人会别出心裁地将生海胆和生鲍鱼搭配在一起，上面再覆盖上蒸鲍鱼，这样蒸鲍鱼时流出的汤汁，会自然凝固在菜品表面成为晶莹的鱼冻，然后撒上紫苏花瓣（花期是夏秋之间）增添美感。

然后是烧物，也就是烤香鱼上来了。京都夏日里的烤香鱼，由于身体储存了更多脂肪，味道会变得肥腴。如何让它不腻呢？可以在香鱼外面包上有青草香味的藤蔓叶。这样烤制之后，鱼香与草香相得益彰，无形中让人想起过去的料理之路（日本向宫廷进贡香鱼的历史悠久，如今仍然保持着这种文化传承，因为香鱼被视为"淡水之王"，它本身鱼肉中隐含的淡淡苦味，就像茶汤一般耐人回味），从而生出"一期一会"的心情。

由于海鳗是京都夏日的代表，也是日本三大祭中必不可少的食物，所以它的出场频率是非常高的。京都所有的老牌料理店都有自己的招牌鳗鱼：比如用鱼冻把京都的蔬菜裹在其中，样子像一个水晶球；又如把鳗鱼肉打成茸用高汤炖煮，看着像中国淮扬菜系的狮子头……

海鳗是京都夏日的代表，各种各样的烤鳗鱼、鳗鱼寿司、鳗鱼饭
等，都是怀石料理中的点睛之笔

还有烤鳗鱼、鳗鱼寿司、鳗鱼饭等等，都是怀石料理中的点睛之笔。

可是京都地处内陆，为什么海鳗成了京都的代表？原来，日本古代"禁肉"非常严格，上流社会的人们唯一可以吃的肉类就是海鲜、河鲜，可那时候交通又非常不便，鱼类到京都后很难还存活。只有生命力顽强的海鳗在长途跋涉的考验中坚持到了最后，让京都人的餐食有了蛋白质的保证。

秋天是红叶烂漫的时候，也是季节色彩从明快渐渐转向浓郁的时节。在怀石料理的意境中，秋日渐渐变深的色彩，就像一锅久炖的高汤，能提鲜世间的万般食材。而鲣鱼干片、海带、干香菇等食材，正是这鲜味的重要支撑。

在京都，每家高级餐厅都有自己的独门高汤。而像"瓢亭"这样有着四百年历史的老店，更是故事与滋味同样悠长。早在江户时代，"瓢亭"的前身——南禅寺门外的松林茶店，是为过路行人提供茶水和小食的茶屋，以一道半熟的瓢亭玉子（溏心蛋）而远近闻名。到江户后期的天保年间（公元 1837 年），"瓢亭"转型为一间料亭，开始提供京都的怀石料理。深爱京都的日本作家谷崎润一郎生前最喜欢"瓢亭"的料理，并且在他的小说《细雪》中表达过——主人公莳冈家四姐妹每年春天来京都赏樱的时候，总要去"瓢亭"吃饭。

"瓢亭"的环境是古朴而有禅意的，因为它旁边就是日本临济宗南禅寺派的大本山，有著名茶人小崛远州的作品——南禅寺金地院鹤龟庭园，还有京都的著名茶室——金地院八窗庵。人们进行茶道活动时，只要打开窗，就能看到大师精心设计的山水景色，与茶的意境自然融合。

秋天的怀石料理，最好在漫山红叶中品味弥漫热气与香气的"煮物"，它可能是用梭子蟹和白身鱼的肉泥制成"真丈"（用碾碎的肉与薯类混合蒸熟的食物）后，再与京都产的红萝卜炖制成的菜品。它的精髓在于"高汤"——将产自北海道的优质海带清洗干净后，和同样上品的鲣鱼干片甚至是金枪鱼干片共煮，熬制出醇厚鲜香的味道。

白味噌汤是京都的特色之一。"瓢亭"常会用京都产的滑子菇、面筋加入高汤炖煮，然后盛放在绘着日本

有四百年历史的米其林餐厅"瓢亭",从供应的早餐开始出名

画的红色漆碗里端上来,这是为了衬托味噌汤像奶油一样的颜色。这种高汤的特征是香浓而且厚、滑,质地好像巧克力。

万物皆可高汤煮。在"瓢亭",有一种自制的"番茄酱油"也是高汤制作的:先切好番茄,撒上盐,然后进烤箱,再进搅拌机捣碎,最后加入高汤一起煮就成了。这样番茄中的谷氨酸和海带、鲣鱼中的鲜味物质(肌苷酸)互相衬托,再搭配生鱼片蘸食,会形成奇妙的风味。

说到底，高汤是追求禅意的怀石料理中一种接地气的存在，能使人感受到日常生活的丰厚。这种丰厚到了万物深藏的冬季，会成为对家的味道的向往。而家的味道，蕴含在正月丰富的菜式中，以各种各样的食器承载，成为低调内敛的京都风味的缩影。

创业于江户时代后期、曾为皇室制作料理的老店"一子相传"，在这个季节会端上用白味噌制作的微甜"杂煮"：不使用任何高汤，只用"一子相传"独家拥有的地下水和白味噌作为原料，再放入大芋头和关西地区的圆饼（圆形年糕）一起炖煮，味道浓郁中带着甘甜，让人感到熟悉而温暖。因为"杂煮"是日本随处可见的食物，也是特别适合正月氛围的食物——含有感谢去年的收获和祈求新一年的丰收的美好心意，所以许多家庭都会做。

既然是正月，那么刺身也是必不可少的，它是怀石料理的环节之一（向付）。在日本传统烹饪的菜单上，甚至是先定好制作什么样的刺身，再根据刺身制作其他相应的菜品，可见它的重要程度。"一子相传"会用树芽拌和时鲜比目鱼，然后加上略微烘烤后的龙虾和颜色亮丽并经过风干的红鲑鱼片，一起呈上来。这是一道适合家庭围席的菜式。

当然最重要的还有年菜（也叫"御节料理"，起源于在日本每年的"五大传统节日"中食用的"供奉料理"），它们被装在传统的多层食盒里，有喜庆吉祥的寓意。一般说来，食盒的第一层是代表传统正月意象的黑豆、青鱼子和牛蒡，从江户时代开始，无论在关东还是关西地区，它已经成为年菜的固定菜式。食盒第二层的菜式会注重颜色的多彩，比如染成黄色的慈姑（谐音喜庆）、蒸熟的章鱼（谐音多幸）、咸鱼子干（代表多子多福）、虾芋（代表出人头地）和海蜓（祈求来年丰收）等具有好彩头的食物，它们的形式感很重要。到了食盒的第三层（一般在商店出售的食盒以两到三层的为主，但其正式的层数为四层），一般会装煮好的山货、芋头、莲藕、胡萝卜等，也可能会有"筑前煮"（九州福冈一带的乡土料理，因福冈古称"筑前"而得名），基本上都是可以饱腹的食物。

春生、夏长、秋收、冬藏……走过四季的轮回，品尝岁月的滋味，无论是在茶道之源的中国，还是在以茶道形式唯美著称的日本，重要的是那份"一期一会"的心情——人这一生的命运起伏，就像每一次的茶会和料理，不会有完全一模一样的相遇，所以要对生命充满感激——感谢冥冥之中彼此的缘分，更感谢由一片小小的茶树叶所带来的一个宽广、安宁和静美的宇宙。

这，就是茶道的禅心。